黑色发展 是吃祖宗饭，断子孙路；发展自己，贻害他人。

可持续发展 是不给后代留下后遗症，不给他国造成负外部性。

绿色发展 是前人种树，后人乘凉；功在当代，利在千秋；造福人类，惠及全球。

——胡鞍钢（2012）

中国：创新绿色发展

胡鞍钢 著

中国人民大学出版社
·北京·

内容提要

世界潮流，浩浩荡荡，顺之者昌，逆之者亡。21世纪的世界潮流就是绿色工业革命与绿色发展，我们正处在这场史无前例的伟大绿色革命的黎明期、发动期。

本书以绿色发展为主题，以绿色工业革命为主线，以绿色发展理论为基础，以中国绿色发展实践为佐证，展现了中国的伟大绿色创新，展望了人类走向绿色文明的光辉前景，设计了中国绿色现代化的目标与蓝图。

中国共产党的最大创新就是首创并实践科学发展观。绿色发展本质上就是科学发展。在国内我们称之为"科学发展"，在国际上我们称之为"绿色发展"。绿色发展正在成为国际社会的主题词。绿色发展既是对当代世界已有的可持续发展的超越，更是对中国大地绿色发展实践的集成。形象地讲，黑色发展是"吃祖宗饭，断子孙路"；可持续发展是"不以牺牲后代人的利益为代价"；绿色发展则是"前人种树，后人乘凉"，"功在当代，利在千秋"。

本书总结和反思了工业革命以来的发展历程，前瞻性地提出绿色工业革命趋势及基本特征，即创新绿色发展道路，大幅度地提高资源生产率，大幅度地降低污染排放，经济增长与不可再生资源要素全面脱钩，特别是与二氧化碳等温室气体排放脱钩。作者提出中国要在这场革命中成为发动者、创新者、引领者。

伟大的时代呼唤理论创新。绿色发展理论的三大来源是，中国古代的"天人合一"智慧；马克思主义的自然辩证法；可持续发展理论。它的三大系统是，自然系统—经济系统—社会系统复合大系统的协调与统一。它的三大目标是，自然系统从生态赤字逐步转向生态盈余；经济系统从增长最大化逐步转向净福利最大化；社会系统从不公平转向公平，由部分人群社会福利最大化转向全体人口社会福利最大化。

在中国，科学发展、绿色发展已经成为政治共识和社会共识，更成为"中国创新"。它充分体现在：国家发展规划的指导与引导，激励与约束；地方绿色创新的创意和行动方案；企业家的社会责任和使命。本书用鲜活的事实、生动的案例反映了千千万万的中国"愚公"每天挖山不止一样不停地创造着绿色奇迹，描绘着"最新、最美、最绿"的中国大地。作者试图解读中国绿色发展创新之道，总结成功之经验，为全国所分享，也为世界其他国家所分享。

本书充分表达了作者的自然观、文明观和发展观。自然观就是"天人合一"、人与自然的和谐；文明观就是人类走向生态文明、绿色文明；发展观就是科学发展观与绿色发展观。

Abstract

The tendency in the 21st century will be green industrial revolution and development. We are amid the dawn of this great revolution.

The book chooses green development as the topic, green industrial revolution as the clue, green development theory as the foundation, green practice in China as the evidence. It shows the great green innovations in China, demonstrates the prosperous outlook on the green civilization, and designs the target and blueprint of the green modernization in China.

The biggest innovation by the Communist Party of China is Scientific Outlook on Development. Green development is essentially scientific development, which we describe as scientific development domestically, but green development internationally. Green development outclasses traditional sustainable development and consolidates green practice in China.

The book summarizes and rethinks the development since industrial revolution, and proposes the trends and basic characteristics of the green industrial revolution, which is innovating green development road including increasing resource productivity, reducing pollution emission, delinking economic growth and nonrenewable resource consumption, in particular delinking economic growth and carbon dioxide emission. The author suggests that

China should become the innovator and leader of this round of innovation.

Great era calls for theoretical innovation. The three major sources of the green development theory are Chinese ancient wisdom, Marxist dialectics of nature and sustainable development theory. The three systems of the green development are natural system, economic system and social system. The three key targets of the green development are transforming the natural system from ecological deficit to ecological surplus, the economic system from growth maximum to net welfare maximum and the social system from unequal to equal, which will finally make net welfare maximum for the whole population instead of partial population.

Scientific development and green development have become political and social consensus in China, and even the Chinese Innovation. They are reflected in guidance, incentive and restriction by the national development plan, local green innovation idea and practice, entrepreneur's social responsibility. The book employs many cases which reflect millions of Chinese working with no stop on the green miracles, and depicting the newest, most beautiful and greenest China. The author intends to interpret the logic of the green innovation in China, summarize the experience of the successful cases, and share with the whole country, as well as the whole world.

The book conveys the author's ideas on nature, civilization and development. On the nature, it is the harmony between nature and human being. On the civilization, it is the world on the way to ecological and green civilization. On the development, it is scientific and green development.

目 录

第一章 导论：迎接绿色工业革命时代 …………………… 1
　一、本书宗旨：创新绿色发展理论与实践 ………………… 3
　二、国际背景：不断扩大的人与自然差距 ………………… 7
　三、国内背景：成为绿色革命的创新者 …………………… 11
　四、本书研究的问题 ………………………………………… 14

第二章 绿色发展理论 …………………………………… 17
　一、绿色发展理论的三大来源 ……………………………… 20
　二、绿色发展的含义 ………………………………………… 30
　三、绿色工业革命：从第一次到第四次工业革命 ………… 35
　四、绿色发展三大系统：社会、经济和自然系统 ………… 47
　五、绿色发展财富：从名义 GDP 到绿色 GDP …………… 52
　六、绿色发展：从生态赤字到生态盈余 …………………… 59
　七、绿色创新与隧穿效应 …………………………………… 62
　八、绿色发展的内容和途径 ………………………………… 63

第三章 全球生态环境危机 ……………………………… 69
　一、黑色工业文明的发展模式 ……………………………… 72
　二、全球前所未有的危机 …………………………………… 80
　三、全球绿色发展的契机 …………………………………… 86
　四、迎接绿色文明的黎明 …………………………………… 95

第四章　中国绿色发展之路 ·········· 97
一、中国历史轨迹：从生态赤字到生态盈余 ·········· 100
二、农业文明时代：生态赤字缓慢扩大 ·········· 101
三、工业化时期：生态赤字迅速扩大 ·········· 105
四、改革开放时期：生态赤字急剧扩大到开始缩小 ·········· 110
五、21世纪：率先走向生态盈余 ·········· 121

第五章　绿色发展规划 ·········· 127
一、国家规划引导绿色发展 ·········· 130
二、"十一五"规划：转向绿色发展 ·········· 135
三、"十二五"规划：以绿色发展为主题 ·········· 141
四、主体功能区规划：重塑绿色中国经济地理 ·········· 145
五、中国绿色发展规划之道 ·········· 151

第六章　地方绿色实践 ·········· 155
一、绿色北京：建设世界级绿色现代化之都 ·········· 158
二、森林重庆：西部绿色崛起之星 ·········· 168
三、生态青海：为中国提供最大公共产品 ·········· 175
四、地方绿色转型之道 ·········· 185

第七章　企业绿色创新 ·········· 189
一、北大荒：创造绿色农业奇迹 ·········· 191
二、亿利集团：创造大漠绿色奇迹 ·········· 201
三、华锐风电：创造绿色能源奇迹 ·········· 209
四、中国企业绿色创新之道 ·········· 217

第八章　总结：绿色中国与绿色地球 ·········· 221
一、中国绿色发展创新 ·········· 224
二、中国绿色发展之道 ·········· 227

三、中国绿色现代化（2000—2050） …………………… 232

四、中国对人类发展的绿色贡献 …………………………… 237

五、结语：天人合一，百川归海 …………………………… 239

后记 …………………………………………………………… 241

表目录

表 2—1　四次工业革命的主要特征（1750—2050）············ 36
表 3—1　南北国家自然资产净损耗占世界总量比重
（1970—2009）·· 75
表 3—2　南北国家累积二氧化碳排放量占世界比重
（1800—2010）·· 77
表 3—3　南北国家人均累积排放量与世界平均水平之比
（1800—2010）·· 78
表 3—4　世界及南北国家自然资源租金总额占 GDP 比例
（1970—2009）·· 79
表 3—5　气候变化导致人类发展倒退的五大影响············· 83
表 3—6　五大国濒危生物种类及占世界比重···················· 85
表 3—7　全球初级能源需求结构（1980—2030）·············· 93
表 4—1　中国历代总人口、耕地面积与森林覆盖率········· 103
表 4—2　中国绿色 GDP 核算（1978—2010）·················· 112
表 4—3　中国能源生产、消费主要指标占世界总量比重
（1980—2009）·· 115
表 4—4　中国主要工业污染物排放量增长率与弹性系数
（1985—2010）·· 118
表 4—5　我国森林资源及碳汇能力变化（1949—2008）··· 119
表 4—6　中国主要生态环境指标变化情况
（2005—2015）·· 123

表 5—1	五年计划（规划）不同类型绿色发展指标的比重（"六五"——"十二五"）	134
表 5—2	"十一五"规划绿色发展相关指标实施情况（2006—2010）	137
表 5—3	"十一五"时期各地区单位GDP能耗完成情况	139
表 5—4	"十二五"规划纲要绿色发展主要指标	142
表 6—1	"绿色北京"建设指标体系（2005—2015）	161
表 6—2	北京市服务业比重与单位GDP能耗（1978—2010）	166
表 6—3	"森林重庆"发展目标（1996—2017）	173
表 6—4	重庆主要生态指标（1997—2017）	174
表 6—5	青海省生态贫困类型及特征	181
表 6—6	青海省生态贫困衡量（2000—2020）	182
表 7—1	北大荒集团绿色发展指标（2010—2047）	198
表 7—2	华锐风电—威斯塔斯赶超指数（2008—2010）	210
表 7—3	支持风电行业发展的政策体系（2005—2011）	212
表 7—4	全国风电装机容量变化情况（2000—2010）	214

图目录

图 2—1　绿色发展的三圈理论 ················ 48
图 2—2　从生态赤字到生态盈余 ·············· 60
图 3—1　世界 GNI 与自然资产净损耗值增长指数变化
　　　　（1970—2008） ···················· 74
图 3—2　世界真实储蓄额占 GNI 比重与碳排放总量
　　　　（1970—2008） ···················· 74
图 4—1　中国重工业产值占工业总产值比重
　　　　（1952—1978） ··················· 106
图 4—2　中国与美国单位 GDP 二氧化碳排放量
　　　　（1900—2009） ··················· 108
图 4—3　中国自然资产损失和能源损耗占 GNI 比重
　　　　（1978—2010） ··················· 111
图 4—4　中国名义 GDP、真实 GDP 和绿色 GDP 比较
　　　　（1978—2010） ··················· 114
图 5—1　中国单位国内生产总值能源消耗量
　　　　（1953—2015） ··················· 133
图 5—2　主体功能区分类及其功能 ············ 147
图 5—3　国家禁止开发区域示意图 ············ 149
图 5—4　国家重点生态功能区示意图 ·········· 150

专栏目录

专栏 2—1 中国 21 世纪议程（1994 年 3 月） ………… 28
专栏 2—2 胡锦涛谈"人与自然"的关系
（2005 年 2 月 19 日） ………… 32
专栏 2—3 绿色发展的三大系统与目标 ………… 49
专栏 3—1 联合国环境署：全球新兴的绿色经济
（2011） ………… 88
专栏 6—1 森林重庆六大工程 ………… 171

第一章

导论：迎接绿色工业革命时代

不管黑猫还是白猫，抓住耗子就是好猫。①

——邓小平（1962）

中国：从最大的黑猫到最大的绿猫。②

——胡鞍钢（2003）

---

① 1962年7月2日，邓小平主持中共中央书记处会议，在讨论如何恢复农业时说：恢复农业，群众相当多的提出分田（到户），陈云同志作了调查，讲了些道理，意见提出是好的。现在所有的形式中，农业是单干搞得好。不管是黄猫、黑猫，在过渡时期，哪一种方法有利于恢复，就用哪一种方法。（参见中共中央文献研究室编：《邓小平年谱（1904—1974）》（下），1712~1713页，北京，中央文献出版社，2009。）1962年7月7日，邓小平在接见出席共青团三届七中全会全体同志时讲，农民本身的问题，现在看来，主要还得从生产关系上解决。这就要调动农民的积极性。生产关系究竟以什么形式为最好，恐怕要采取这样一种态度，就是哪种形式在哪个地方能够比较容易比较快地恢复和发展农业生产，就采取哪种形式；群众愿意采取哪种形式，就应该采取哪种形式，不合法的使它合法起来。刘伯承同志经常讲一句四川话："黄猫、黑猫，只要捉住老鼠就是好猫。"（参见邓小平：《怎样恢复农业生产》（1962年7月7日），见《邓小平文选》，2版，第1卷，323页，北京，人民出版社，1994。）

② 系作者在清华大学授课时的观点。

一、本书宗旨：创新绿色发展理论与实践

1939年，毛泽东同志以热情的笔触讴歌了中华民族的美好家园：

> 我们中国是世界上最大国家之一，它的领土和整个欧洲的面积差不多相等。在这个广大的领土之上，有广大的肥田沃地，给我们以衣食之源；有纵横全国的大小山脉，给我们生长了广大的森林，贮藏了丰富的矿产；有很多的江河湖泽，给我们以舟楫和灌溉之利；有很长的海岸线，给我们以交通海外各民族的方便。从很早的古代起，我们中华民族的祖先就劳动、生息、繁殖在这块广大的土地之上。①

在这块广大的土地之上，中华民族辛苦劳作、生生不息、代代繁衍。中华民族的文明史，就是中国人民的一部发展历史，准确地说是一部拓荒开垦史。中国一直是世界人口最多的国家，也是世界粮食生产能力最大的国家，以占世界不到10%的耕地资源、6.5%的水资源养活了占世界1/5到1/4的人口。中华民族的文明史还是一部中国人民与自然斗争的历史，有着最详细的自然灾害和灾荒史的记录，但也是缓慢地、不断地扩大生态赤字，透支生态资产的历史。从历史上看，人口过多和农业资源紧缺，特别是耕地资源严重不足，始终是中国传统农业社会生产力矛盾

---

① 毛泽东：《中国革命和中国共产党》（1939年12月），见《毛泽东选集》，2版，第2卷，621页，北京，人民出版社，1991。

的焦点。这种过剩的农业劳动力与有限的农用耕地的矛盾，在农业社会持续时间越长就越尖锐，对生态环境的破坏就越大。[①] 中国能够长久地持续地养活世界最多的人口，这本身就是人类发展历史的奇迹，但是天下"没有免费的午餐"，这种发展是以不断扩大耕地面积，毁林开荒，围湖造田为代价的，尽管是缓慢的，然而却不断扩大了人与自然之间的差距，这是长期以来中华民族发展的最大代价。

到1949年，中国的生态环境已经变得极其脆弱，人与自然之间的矛盾仍然是现代中国社会生产力内部矛盾运动的核心问题之一，而且越来越尖锐，越来越突出，中国开始进入生态赤字急剧扩大的时代。首先，中国人口不知不觉地登上了有史以来基数最大、幅度最高、增长最快的人口倍增台阶，1949年中国的总人口为5.4亿人，到目前已经突破了13亿人，2030年之前将达到此次人口倍增台阶的顶峰，接近15亿人。其次，中国耕地面积迅速扩大，并于1957年达到历史顶峰，而后持续下降，这标志着新开垦的耕地大大小于已经和正在占用的耕地，中国粮食增产从"两条腿（指扩大耕地和提高单产）走路"变成只靠"一条腿（指提高单产）走路"，此外还要补偿因耕地面积下降而带来的影响。[②] 其三，自然生态环境日趋恶化，森林减少，草原退化，水土流失面积急剧增加，沙漠化土地面积扩大，其规模和速度都超过了任何一个历史时代。其四，迅速的工业化、城镇化、现代化又形成了前所未有的环境污染挑战，出现了由点到面的各类污染，进而向全国迅速蔓延。最后，自然灾害频率加快，农作

[①] 参见胡鞍钢：《中国：走向21世纪》，51页，北京，中国环境科学出版社，1991。

[②] 参见中国科学院国情分析研究小组，胡鞍钢、王毅执笔：《生存与发展》，北京，科学出版社，1989。

物受灾和成灾面积不断扩大，因灾害粮食减产量及占总产量比例越来越大，直接和间接经济损失越来越大，每年都造成大量的人员伤亡损失。巨大的自然资产损失在很大程度上减少或抵消了中国所创造的 GDP 总量和国民财富。前者是看不见的巨大生态损失，后者是看得见的国家经济统计。由此中国也像已经工业化的发达国家那样不可避免地经历了一个"先破坏，后保护"，"先污染，后治理"，"先排放，后减排"的过程，即我们称之为生态赤字急剧扩大到生态赤字减小的过程，这是中国工业化、城镇化和现代化进程所付出的巨大生态代价。①

未来几十年，中国还将发生翻天覆地的变化，最重要的发展方向就是绿色现代化，逐步进入全面生态盈余时代。中国将成为世界上最大的森林盈余之国，建成世界最大的绿色能源之国，建成人水和谐之国、碧水蓝天之国，成为中华民族青山、绿水、蓝天的美好家园。②

绿色发展，是未来中国实现绿色现代化的必经之路。**如何走向绿色发展，如何创新绿色发展，如何实现绿色中国目标**，是我们进入 21 世纪的一个全新的大课题，一个创意的大思路，一个宏伟的大战略。

本书的宗旨是：创新绿色发展理念，构建绿色发展理论，总结中国绿色发展实践，设计中国绿色现代化蓝图。

创新绿色发展理念。创新是人类进步的源泉，理念是人类前行的指南。本书创新性地提出绿色发展理念，首先是充分汲取了中国古代"天人合一"的人类智慧；其次是基于 19 世纪马克思

---

① 参见清华大学国情研究中心，胡鞍钢、王亚华执笔：《国情与发展》，北京，清华大学出版社，2005。

② 参见清华大学国情研究中心，胡鞍钢、鄢一龙、魏星执笔：《2030 中国：迈向共同富裕》，北京，中国人民大学出版社，2011。

主义的自然辩证法；再次是继承并超越了当代的可持续发展理念。这是对传统的西方现代化理念的大胆扬弃，而不再是小修小补或大修大补，全面地、彻底地颠覆了早已经不适应人类发展的传统的过时的理念。本书深刻地认识到，人类发展变迁的历史逻辑是从农耕文明时代到工业文明时代，再从工业文明时代进入生态文明（即绿色文明）新时代，提出并指明绿色发展是人类未来发展的全新理念，旗帜鲜明地提出绿色发展的哲学基础、历史起源、基本思路、发展路径、实现方式和未来目标。

构建绿色发展理论。理论是人类认识世界的视角，是指导人类实践的思想。本书从人类文明的发展历程、中国的绿色发展实践中提炼出绿色发展理论。本书借鉴和融合不同学科或学派的理论，以绿色发展理念为指导，以绿色发展方向为主题，搭建绿色发展分析框架，构建绿色发展理论体系。绿色发展理论是基于人类观察自然世界、认识自身社会实践的全新视角，是对人类发展中蕴含的自然、经济、社会三大系统固有的、极其复杂的重大矛盾、重要关系的性质及动态变化的重新认识和反复认识。

总结中国绿色发展实践。真知来源于实践，并指导新的实践。本书以大历史观和全球视野，**总结和梳理绿色发展之路，阐述和理解绿色发展之道**，有中国绿色发展之路就有中国绿色发展之道，有中国绿色发展之道就有中国绿色成功之路。以绿色发展之道来解释绿色发展之路，以绿色发展之路来提炼绿色发展之道。

设计中国绿色现代化宏伟蓝图。现代化是西方的最大发明，绿色现代化将是中国的最大发明。21世纪中国的社会主义现代化不是跟在西方国家现代化的道路后面爬行，亦步亦趋，而是跨越西方的传统发展道路，打造绿色创新隧穿效应，实现真正的绿色发展。从根本上改变传统的、以高资源消耗、高污染排放、高碳排放为特征的黑色现代化模式，不断开拓、不断创新、不断实践 21 世纪的新型的，以合理消费、低消耗、低排放和低碳为特征的绿色现代化道路。本书创意性地、大胆地、前瞻地描绘了 21 世纪上半叶的绿色现代化宏伟目标，提出实现中国绿色现代化的"三步走"战略，设计并推动中国绿色发展的路线图。

二、国际背景：不断扩大的人与自然差距

人类曾经经历了极其漫长的采集、狩猎时代①，十分有限地干扰了大自然。在一两万年前，人类逐渐进入农业时代②，越来越依赖于农业资源，也越来越多地破坏了自然——大地母亲，以至于许多文明消失了。③ 自 18 世纪下半叶开始的第一次工业革命以来，人类的生产力水平迅速提高，正如马克思、恩格斯所评价的那样，"资产阶级在它的不到一百年的阶级统治中所创造的生产力，比过去一切世代创造的全部生产力还要多，还要大。自然力的征服，机器的采用，化学在工业和农业中的应用，轮船的行驶，铁路的通行，电报的使用，整个整个大陆的开垦，河川的通

---

① 采集经济（Collecting Economy）是从 1 000 多万年前，到两三百万年前（或认为 400 万—500 万年前）；狩猎经济（Hunting Economy）始于两三百万年前，终于一两万年前，其中比较著名的有中国云南的元谋猿人（约 170 万年前）、北京猿人（约 40 万—50 万年前）、陕西的蓝田猿人（约 80 万年前），以及非洲能人（约 190 万年前）。(参见张建华：《经济学——入门与创新》，北京，中国农业出版社，2005。)

② 张建华把农业经济时代分为原始农业（Primitive Agriculture）、奴隶农业（Slave Agriculture）和封建农业（Feudal Agriculture）三个阶段。(参见张建华：《经济学——入门与创新》，北京，中国农业出版社，2005。)

③ 参见［英］阿诺德·汤因比：《人类与大地母亲》，上海，上海人民出版社，2001。

航,仿佛用法术从地下呼唤出来的大量人口,——过去哪一个世纪料想到在社会劳动里蕴藏有这样的生产力呢?"①

工业革命二百多年以来,人类社会的面貌发生了翻天覆地的变化:持续上千年的自给自足式的传统农业逐步被高度市场化的产业农业所取代;以机器化大生产为特征的工业取代了传统手工工业成为人类的支柱产业;随着收入水平的提高,金融、教育、咨询、运输等第三产业迅速崛起,并成为人类发展的新动力,逐步取代第二产业成为主导产业。

然而,与人类空前大发展相伴随的是资本主义发展模式在全球范围的不断扩张,直至"资本覆盖世界的每一个角落"。资本主义发展模式的原动力在于资本贪婪的逐利性,其依靠不断扩大获取自然资源与能量的规模,以实现生产规模的进一步扩张,从而获得最大的利润。资本主义发展模式存在着根本性的、不可调和的矛盾,即资本扩张的无限性与自然资源的有限性的矛盾。这一矛盾在资本主义发展早期,通过西方主导国家对后发地区不断地发动战争和殖民掠夺得以暂时的缓解。但是随着技术的迅速进步和资本全球扩张的完成,传统方式已经无法向不断扩张的资本体系注入新的资源。第二次世界大战之后,西方社会开始以消费主义为导向,以消费的过度增长带动高生产、高利润,这也由此导致了高资源消耗、高污染排放、高碳排放。正是在这一矛盾下,资本主义的发展模式体现出以过度消费主义为导向,以高消耗、高污染、高排放为基本特征的发展,即黑色发展模式。

黑色发展模式主导了人类过去二百多年的现代化发展,已经成为人类发展的最大桎梏,导致了人类空前巨大的危机,包括环

---

① 马克思、恩格斯:《共产党宣言》,见《马克思恩格斯选集》,2版,第1卷,277页,北京,人民出版社,1995。

境污染危机、能源资源危机、极端异常气候变化以及全球生态危机等多重困境。西方国家试图通过可持续发展这种有限的修正模式进行修正，但是可持续发展只是在自然危机压力下被动性调整生产方式，没有根本改变过度的消费方式，甚至通过产业转移而导致资源消耗、污染排放和温室气体排放向南方国家的转移。因此，二十多年来的可持续发展并没有有效遏制全球范围的环境与生态危机，危机反而越来越严重，越来越危及人类安全。

  西方的现代化看起来是成功的，并成为世界上发展中国家所普遍追求的目标、追赶的对象，但是它也付出了巨大的、看不见的代价，其消耗了比其人口比例高得多的世界的能源和资源，占据了比其人口比例高得多的二氧化碳排放的比例。它既具有负外部性又具有外溢性，致使全世界承担这一后果。所以这条道路实质上是不成功的，也是不可重复的，是造子孙孽，断子孙路。可以说，世界生态危机本质上是资本主义的危机。

  全球生态危机从本质上宣告了西方自第一次工业革命以来的高投入、高消耗、高污染排放的增长模式是不可持续的。这一危机也预示着人类发展模式必须转型，必须转向自觉、自律的发展，通过一场全新的绿色工业革命，寻求新的发展方式。2008年下半年由美国次贷危机引发的金融危机，酿成了一场历史罕见、冲击力极强、波及范围极广的全球金融海啸，在多个国家造成经济衰退、失业率上升、社会动荡，以及继发的一系列债务危机问题。这一事实更是证明了由发达国家所主导的、以消费主义价值观为核心、严重依赖化石能源、以"掠夺式"消耗全球生态资源为本质的资本主义发展方式的不可持续性。

  与此同时，人类也面临着前所未有的绿色发展机遇。人类正在加速进入第四次工业革命——绿色工业革命。目前绿色工业革命已经进入黎明时期，在未来的世界发展方向中，传统的发展模式必须摒弃。如果希望实现人类共同永续发展，必须选择并尝试走出一条新的发展之路——绿色发展。

自1750年以来，由西方国家主导的三次工业革命都属于"黑色工业革命"，即在经济增长的同时，资源消耗、环境污染及温室气体①排放相应增长，成为全球环境变化、气候变化的主要人为因素。与前三次工业革命不同的是，这次绿色工业革命的本质就是要根本改变两个世纪以来的传统现代化发展模式，创新绿色发展模式，即经济增长与水资源消耗、化石能源消耗、污染物排放和二氧化碳排放的全面脱钩。其特征就是大幅度提高资源生产率，降低污染排放，发展循环经济和低碳经济②。

2008年金融危机以后，已经有一些发达国家和新兴工业化国家开始了转变经济发展模式的探索，试图将恢复经济发展的宏观政策与保护环境、转变增长模式、减少碳排放的绿色增长战略结合起来，如韩国、日本、美国、欧盟等。它们已经开始制定绿色经济、绿色增长的相关战略，并通过立法、制定国家发展规划等方式为绿色创新、绿色生产和绿色消费提供政策支持，目标就是

---

① 温室气体指大气中能吸收和重新放出红外辐射的气体。直接受人类活动影响的温室气体主要有二氧化碳、甲烷、氯化亚氮、氢氟碳化物、全氟化碳、六氟化硫等，对气候变化影响最大的是二氧化碳。

② 所谓循环经济是指以"减量化、再利用、资源化"为原则，以提高资源利用效率为核心，促进资源利用由"资源——产品——废物"的线性模式向"资源——产品——废物——再生资源"的循环模式转变，以尽可能少的资源消耗和环境成本，实现经济社会可持续发展，使社会经济系统与自然生态系统相和谐。

所谓低碳经济是指以减少温室气体排放为前提来谋求最大产出的经济发展理念或发展模式，是人类应对气候变化的基本方式之一，也是21世纪世界新型经济发展的基本趋势之一。即使是发达国家对这一问题的认识也才刚刚起步。形象地讲，低碳经济就是指碳含量的减少，无论是在生产过程还是消费过程，意味着更清洁的空气和更少的二氧化碳排放，例如无碳排放的可再生能源、低碳的天然气与高碳的煤炭，同样的能源消耗，却带来不同的碳排放量；同样的煤炭消费，经过清洁煤技术处理后的碳排放也大大低于原有的高碳排放量。

要在全球绿色工业革命中抢占先机，绿色经济已经成为世界潮流。同时，包括经济合作与发展组织（OECD）、联合国在内的众多国际组织，也纷纷出台相关报告，这标志着在"后危机"时代，绿色发展将成为重要的全球议题。①

三、国内背景：成为绿色革命的创新者

中华文明是世界上唯一一个保持了连续性的古老文明，历五千年沧桑，而弥久、弥新、弥强。中国是农业文明的创新者，也成长为世界农业发达的国家，在透支生态资产的同时，创造了举世无双、光辉灿烂的伟大的中华文明，孕育出"天人合一"的伟大哲学思想。

在工业文明时代，先后发生了三次工业革命。近代以来，中国成为由西方主导、西方发动的工业化的边缘者、落伍者、挨打者，直到第三次工业革命时才成为追赶者。

1760—1840年，西方国家发动并主导了第一次工业革命——蒸汽机革命，使得西方国家的生产力出现了爆炸性的空前增长，

---

① 联合国经济与社会事务部在《2011年世界经济和社会概览》报告中呼吁全球各国增加投资，提倡与促进绿色经济发展。在未来30至40年内，人类需要开展绿色技术革命，全球每年用于发展绿色经济的投资还需增加1.9万亿美元，而其中发展中国家在这方面的投资需增加1万亿美元，否则将难以避免气候变化和环境退化带来的灾难性影响。而要实现上述目标，实现向低碳型能源转轨，时间紧迫，大约只剩下30至40年的时间。因此，联合国呼吁各成员国政府发挥绿色能源技术革命的主导作用，在减贫与实现经济增长的同时，继续在绿色能源领域实施适当的投资和鼓励政策，加快绿色技术创新和旨在推动可持续生产与消费的结构改革。

并在国际竞争、国际斗争中取得了支配地位。此时的中国，正处于康雍乾盛世（1681—1796 年）晚期向衰落期转变的过程中，已是封建帝国的落日余晖，在经济水平、政治制度、科技实力、文化发展上已经全面落伍于西方国家，但是仍然骄傲自大、自我封闭，对于西方发生的翻天覆地的工业革命，不但不清楚，更是不加理会，从而成为第一次工业革命的边缘者，也埋下了近代中国**百年落伍、百年动荡、百年屈辱的祸根**。

1840—1950 年，同样是西方国家发动并主导了第二次工业革命——电力和铁路交通革命，西方世界进一步兴起，成为全球霸主，为了实现经济扩张，其在全球范围内掠夺资源。此时的旧中国，继风雨飘摇的清帝国政权崩溃之后，又陷入了政权分裂、战乱频仍、积贫积弱、一盘散沙、民不聊生的境地。曾经辉煌的中华帝国已经沦为任人宰割、任人瓜分的肥羊，中国成为西方列强掠夺资源、倾销产品的羸弱之地，中华民族的生态赤字迅速扩大。**中国不但是第二次工业革命的落伍者，还是第二次工业革命的被掠夺者、被动挨打者、被侵略者。**

1950—2000 年，北方国家（西方国家和前苏联）发动并主导了第三次工业革命，催生了全新的信息产业，并促使服务业逐渐成为发达国家的经济主导产业，进一步提高了发达国家人民的生活水平。第三次工业革命期间，随着新中国的成立，改革开放的实行，中国经济发展进入了起飞期，不断追赶，不断缩小第一次、第二次工业革命期间和西方国家形成的巨大差距。同时，把握和参与了第三次工业革命的机遇，主动对外开放，加快追赶的步伐，成为世界最大的 ICT 技术生产国、消费国和出口国，并一跃成为世界新兴经济强国。**中国成为第三次工业革命的跟随者、追赶者、积极参与者，也成为第三次工业革命的赢家。**

进入 21 世纪，我们清晰地认识到，世界的第四次工业革命，即所谓的绿色工业革命来临了。它的本质就是大幅度地提高资源生产率，大幅度地降低污染排放，碳排放实现与经济增长脱钩甚至下降。我们现正处于这一革命的黎明期、发动期和机遇期，是不易的、也是幸运的。**只有这一次我们才有机会和美国等西方发达国家站在同一起跑线上，同时也和发展中国家处在同一阵营中，成为世界近现代史的第四次工业革命——绿色工业革命的发动者、创新者、引领者。**

"周虽旧邦，其命维新。"[①] 作为世界上历史文明最为悠久和人口数量最多的国家，同时作为日益兴盛和影响力巨大的发展中大国，中国不能跟在美国等发达国家的传统现代化道路后面亦步亦趋，而完全能够超越传统模式，独辟蹊径，创新绿色发展道路；中国应率先发动绿色革命，积极倡导绿色发展，引领绿色文明潮流，成为21世纪人类发展新路径的开拓者、创新者和引领者，为南方国家提供一条符合生态文明时代特征的新发展道路——绿色发展之路。**这是中国这一古老的文明体在 21 世纪所要承担的"旧邦新命"，也是 21 世纪中国所拥有的最大战略机遇。**

进入 21 世纪的第一个十年，中国就已经成为这场全球性绿色工业革命的发动者、参与者、创新者和实践者，率先制定了旨在实现绿色发展的国家规划，实行了绿色发展战略，采取了一系列绿色创新行动，以期实现绿色现代化目标，呵护绿色地球家园。正如党的十七大报告向全世界所承诺的："环保上相互帮助、协力推进，共同呵护人类赖以生存的地球家园。"[②] 2011 年公布的中国"十二五"规划成为中国首部绿色发展规划，也成为 21

[①] 《诗经·大雅·文王》。
[②] 胡锦涛：《高举中国特色社会主义伟大旗帜，为夺取全面建设小康社会新胜利而奋斗》，(2007 年 10 月 15 日)，见《十七大以来重要文献选编》（上），36 页，北京，中央文献出版社，2009。

世纪上半叶中国绿色现代化的历史起点。①

四、本书研究的问题

人类来源于大自然，人类的生存与发展离不开大自然，人类文明始终面临的最根本的问题之一就是如何处理人和自然的关系。在农业文明时代，人类的垦殖活动已经在一定程度上破坏了大自然，中国的先哲提出了"天人合一"的理念，追求人与自然和谐共处。

到了工业文明时代，人类以农业文明时期百、千、万倍的速度和规模破坏大自然，是典型的"吃祖宗饭，造子孙孽"。到工业文明后期，西方学者和国际社会提出了"可持续发展"理念，试图修正传统的路径所依赖并锁定的黑色发展模式，企求"不断子孙路"。但是总体上并不成功，人与自然的矛盾不是缓解了，而是加剧了，人类业已置身于前所未有的全球生态危机、气候变化危机之中，这同时也标志着人类迎来了前所未有的转型契机，即根本改变黑色发展的传统路径，彻底转向绿色发展的新道路。

黑色工业革命走向了历史的顶峰，也进入它的衰落期、更替期。21世纪的人类正处于新的十字路口上，人类正处于绿色工业革命的前夜，人类正迎来绿色文明的黎明。

"曙光就在前面，我们应当努力。"②

---

① 参见胡鞍钢、梁俊晨：《中国绿色发展战略与"十二五"规划》（2011年2月15日），载《国情报告》，2011（16）。

② 毛泽东：《目前形势和我们的任务》（1947年12月25日），见《毛泽东选集》，2版，第4卷，1260页，北京，人民出版社，1991。

为了迎接绿色文明新时代的到来，人类需要彻底地变革发展的理念、发展的理论、发展的实践；可持续发展作为传统工业化模式的修正思想，已经不能适应新挑战、新时代、新文明的需要，我们需要超越前人，超越西方，突破传统，提出新的发展理念、开创新的发展理论、进行新的发展实践，这就是：绿色发展理念、绿色发展理论、绿色发展实践。走绿色发展道路是"功在当代，利在千秋"的一项伟大事业。

新的时代产生出一系列新的问题，为了适应新的需要，就需要创造新的理论，写出新的著作，回答并解决新的问题。

本书将绿色发展作为一个系统的分析框架和具体的课题进行研究，主要回答以下几个问题：绿色发展的时代背景是什么？绿色发展的理论基础是什么？绿色发展包含哪些方面？绿色发展包括哪些阶段？绿色发展有哪些限制因素和有利因素？限制因素在什么情况下可以转变为有利因素？如何总结中国绿色发展的创新实践？如何认识中国的绿色发展之路？其背后的逻辑是什么？动因是什么？未来中国又会走向哪里？如何实现绿色发展推动中国发展的宏大目标？对此本书以自问自答的形式逐一进行了系统回答。

本书系统阐述了绿色发展理论，深刻批判了西方传统发展模式的局限性与负外部性，全面分析了人类面临的绿色发展危机与契机，提出人类正处于传统黑色工业文明向现代绿色生态文明转型的时期。

本书从全球视野来观察绿色发展问题，指出人类正面临着前所未有的生态危机和气候变化危机，同时人类也面临着前所未有的绿色发展机遇，即进入了第四次工业革命——绿色工业革命。

本书从历史与未来角度回顾了中国绿色发展道路，即从农业文明生态赤字缓慢扩大到工业化时期生态赤字急剧扩大，再到生态赤字缩小,直至未来时期生态盈余的历史变迁之路。

  本书总结了中国的绿色发展实践,提出中国要成为绿色发展之路的创新者、实践者和引领者。绿色规划是中国引领绿色发展的重要手段。地方成为绿色创新的实践者。企业是绿色发展的主体。

  本书是作者二十多年来从事国情研究特别是绿色发展研究的集大成之作,也是一部集相关科学知识、重要决策信息为一体的绿色发展读本,力求做到简明扼要、深入浅出、雅俗共赏。本书还是一部关于中国与人类长远发展及互动关系趋势的创意之作、创新之作。

第二章

绿色发展理论

对世界上人口最多的中国而言，国家决策正确就会"功在当代，利在千秋"；反之，就是"吃祖宗饭，造子孙孽"。

从黑色发展模式转向绿色发展，从而根本改变中国长期以来日益严重的生态环境恶化的趋势。[①]

——胡鞍钢（2002）

中国经济发展模式的转变要从传统的"黑色发展"转向"绿色发展"，从生态开发到生态建设，从生态赤字到生态盈余。[②]

——胡鞍钢（2005）

[①] 胡鞍钢：《让天然林休养生息50年：从森林赤字到森林盈余的重大林业战略转变》（2002年10月27日），载《国情报告》，2002（93）。

[②] 清华大学国情研究中心，胡鞍钢、王亚华执笔：《国情与发展》，187页，北京，清华大学出版社，2005。

在过去的历史长河中，人类历经了狩猎文明向农耕文明、又由农耕文明向工业文明的转变，现在正在由工业文明向生态文明即绿色文明转变。[1] 工业文明在不到三百年的时间里虽然创造了"比过去一切世代创造的全部生产力还要多"[2] 的辉煌成就，但是也对自然造成了"比过去一切世代的破坏还要多"的改变，人与自然之间的差距比任何一个世代都要大得多。21世纪人类发展所面临的最大挑战是什么呢？就是前所未有的、全面的、严重的自然危机，极端异常气候加剧，资源、能源供给空前紧缺，全球生态环境持续恶化。生存还是毁灭？人类发展正面临新的十字路口，世界向何处去？中国向何处去？唯一的答案就是坚定不移地走向生态文明即绿色文明。

正如恩格斯所说，每一次巨大的历史灾难，无不以巨大的历史进步为补偿。人类文明的每一次巨大危机都蕴含着下一个文明的巨大生机。工业文明即黑色文明，就是因为基于黑色化石能源，积累性地排放温室气体，当它发展到历史的巅峰时，也就形成了前所未有的"黑色危机"。正因为此，新的文明，即基于绿色能源、开始与碳排放脱钩的生态文明迅速兴起，进入了黑色文明的衰落期，迎来了绿色文明的黎明期。这就呼唤着我们要"解

---

[1] 2002年中国可持续发展林业战略研究项目组提出，21世纪是生态文明世纪。纵观历史，原始文明经历100万年的时间，农业文明有近1万年的历史，而工业文明只是近300年的事；展望未来，21世纪将是实现生态文明的世纪。所谓生态文明，就是指人类在物质生产和精神生产中充分发挥人的主观能动性，按照自然生态系统和社会生态运转的客观规律建立起来的人与自然、人与社会的良性运行机制，和谐协调发展的社会文明形式。生态文明建设的主要目标是使自然生态系统和社会生态系统实现最优化和良性运行，实现生态、经济、社会的可持续发展。(参见中国可持续发展林业战略研究项目组：《中国可持续发展林业战略研究总论》，127～128页，北京，中国林业出版社，2002。)

[2] 马克思、恩格斯：《共产党宣言》，见《马克思恩格斯选集》，2版，第1卷，277页，北京，人民出版社，1995。

放思想，实事求是，与时俱进，不断创新"。作为中国学者，我们需要历史自省、学术自觉、道路自信，创新与时代同步、与世界同行的发展理论，即绿色发展理论，从而指导绿色发展实践。

本章所提出和研究的基本问题是：绿色发展的含义是什么？绿色发展的理论来源是什么？它与可持续发展有什么相同之处，又有什么不同之处？绿色发展的实践来源是什么？如何认识绿色工业革命及其特征？绿色发展包括哪几个系统，哪几类财富，又如何加以衡量？绿色发展经历了哪些阶段？何谓绿色发展的创新？为什么说绿色发展观本质上就是科学发展观？作者试图做出概要性回答。

本章创新性地提出绿色发展的理念，开创性地系统阐述了绿色发展的理论体系，以统领各章，其他各章皆是本章在实践和实证分析上的展开。绿色发展将成为继可持续发展之后人类发展理论的又一次重大创新，并将成为21世纪促进人类社会发生天翻地覆变革的又一大创造，中国学者为此将比以往任何时候更加自觉，更加自信，从而作出自己的知识贡献。

一、绿色发展理论的三大来源

绿色发展理论来源于三个方面：一是几千年来中国传统文化中的"天人合一"思想；二是一百多年来的马克思主义自然辩证法；三是当代的可持续发展理论。这三者都是人类思想的优秀成果，共同构成了绿色发展理论的三大来源与基础，绿色发展是对这三大人类优秀思想和理论的再集成与再创新。

（一）"天人合一"哲学思想

"天人合一"的思想最早由庄子阐发①，后被汉代思想家、阴阳家董仲舒发展为天人合一的哲学思想体系，并由此构建了中华传统文化的主体。②

首先，中国古代的"天人合一"哲学思想认为人与自然是不可分的一体，而不是分割对立关系。例如，张载就明确提出"天地万物一体"的观点，认为人与万物是"一气相通"的有机系统，人只是宇宙的一分子，人与天地万物不是主人与奴仆、征服与被征服的关系，而是"民胞物与"的平等和谐的关系。

其次，"天人合一"的哲学思想进一步认为人应该与大自然和谐相处。人生的合理归宿在于遵循"天命"和践行"天命"，即《易传》所言"乾道变化，各正性命"，这里的"天命"当然不仅是现代意义上的"自然规律"，但却不妨理解为人生所必须遵循的"宇宙自然法则"。

最后，作为"天人合一"思想的一个重要部分，中国古人已经形成了朴素的保护大自然的思想，孟子提出了"不违农时，谷不可胜食也……斧斤以时入山林，材木不可胜用也"③的思想。荀子也有相似的看法，他认为："草木荣华滋硕之时，则斧斤不入山林，不夭其生，不绝其长也。……污池渊沼川泽，谨其时禁，故鱼鳖优多，而百姓有余用也。斩伐养长不失其时，故山林不童，而百姓有余材也。"④

中国古人的"天人合一"思想是人与自然和谐，顺应自然规

---

① 《庄子·齐物论》："天地与我并生，而万物与我为一。"
② 参见任继愈：《中国哲学发展史》，583页，北京，人民出版社，1985。
③ 《孟子·梁惠王上》。
④ 《荀子·王制篇第九》。

律，自律地利用自然，与自然长久共存、永久共处的自然观和哲学观。它不同于后来西方资本主义文明中的"天人对立观"，趋向征服自然，掠夺自然，控制自然，损害自然，妄图永久地把自然置于人类的统治之下。正是在这种观念的指导下，中国人"自古以来即能注意到不违背天，不违背自然，且又能与天命自然融合一体。"① 中国文化天然地对大自然葆有敬畏之心、亲近之情。这是中国传统文化的智慧所在，不仅追求持久，还追求永恒。

然而，中国古人的"天人合一"哲学观仍然只是一种朴素的自然观，没有充分认识到人与自然关系中人的主观能动性。著名国学家饶宗颐先生进一步发展了"天人合一"的思想，以《易经》"益卦"为理论根据，提出要从古人文化里学习智慧，不要"天人互害"，而要"天人互益"，朝着"天人互惠"的方向努力，或许可以达到像苏轼所说的"天人争挽留"的境界。② 这就使得在"天人"体系中，人的作用更为积极，人除了要"顺天"，还可以"益天"。**这正是现代的"天人合一"观，人类源于自然，顺其自然，益于自然，反哺自然。唯此，人类才能与自然共生、共处、共存、共荣。这也指出了人类走向未来的必由之路。**

"天人合一"思想不但为创新绿色发展思想提供了智慧源泉，也为在中国率先实践绿色发展理念提供了丰厚的历史文化土壤，同时也将成为中国在 21 世纪为人类做出巨大绿色贡献的传统思想来源。③ 如果说可持续发展思想是由西方学者提出，源于西方

---

① 钱穆：《中国文化对人类未来可有的贡献》，载《新亚月刊》，1990（12）。

② 参见饶宗颐：《不仅天人合一，更要天人互益》，载《南方日报》，2009 - 11 - 18。

③ 钱穆先生在其毕生最后一篇文章中如此论断道："'天人合一'，实是整个中国传统文化思想之归宿处，我深信中国文化对世界人类未来求生存之贡献，主要亦即在此。"（钱穆：《中国文化对人类未来可有的贡献》，载《新亚月刊》，1990（12）。）

文明和文化，是对工业革命以来的不可持续的资本主义生产方式、消费方式的反思和修正的话，那么"天人合一"的思想正是中国学者所创意的绿色发展理论的来源，是创新21世纪及未来新型的人类发展道路的思想来源。

（二）马克思主义自然辩证法

马克思主义自然辩证法最早由恩格斯提出[①]，并成为马克思主义的自然观和自然科学观。自然辩证法体现了马克思主义哲学的世界观、认识论、方法论的统一，是马克思主义哲学的一个组成部分。

首先，自然辩证法认为大自然是人类的生命之源、生命之本。马克思从历史唯物论的角度，提出人类历史是自然史的延续，"历史本身是自然史的即自然界成为人这一过程的一个现实部分。"[②] 同时，马克思还认为，人类必须依赖于自然，"无论是在人那里还是在动物那里，类生活从肉体方面说来就在于：人（和动物一样）靠无机界生活，而人比动物越有普遍性，人赖以生活的无机界的范围就越广阔。"[③]

其次，自然辩证法认为人和自然的关系是对立统一的关系。人类能够认识自然、改造自然，在人和自然界的关系中，人类是

[①] 事实上，《自然辩证法》是恩格斯一部尚未完成的著作，是恩格斯多年来对自然科学研究的总结。在这部著作中，恩格斯对19世纪中期的主要自然科学成就用辩证唯物主义的方法进行了概括，并批判了自然科学中的形而上学和唯心主义观念。《自然辩证法》在恩格斯生前从没有发表过，在他去世后于1896年发表了其中一篇论文《劳动在从猿到人转变过程中的作用》，1898年发表了其中另一篇论文《神灵世界中的自然科学》。直到1925年这部著作才在前苏联出版的德文和俄文译本对照的《马克思恩格斯文库》中全文发表。

[②] 马克思：《1844年经济学哲学手稿》，见《马克思恩格斯全集》，第42卷，128页，北京，人民出版社，1979。

[③] 同上书，95页。

主体，自然界是客体，人类通过实践发挥能动性来改变自然界。

最后，自然辩证法认为人类必须尊重和遵循自然规律，才有可能改造自然。恩格斯指出："我们统治自然界，决不像征服者统治异族人那样，决不是像站在自然界之外的人似的，——相反地，我们连同我们的肉、血和头脑都是属于自然界和存在于自然之中的；我们对自然界的全部统治力量，就在于我们比其他一切生物强，能够认识和正确运用自然规律。"①

马克思主义自然辩证法在西方哲学史中第一次系统地认识了人与自然的关系，讲清了人类应该如何正确认识和处理同自然界的关系，同时强有力地抨击了自工业革命以来西方国家肆意掠夺自然的发展方式。在对资本主义生产方式的反思和批判中，恩格斯发出了他著名的警告："我们不要过分陶醉于我们人类对自然界的胜利。对于每一次这样的胜利，自然界都对我们进行报复。每一次胜利，起初确实取得了我们预期的结果，但是往后和再往后却发生完全不同的、出乎预料的影响，常常把最初的结果又消除了。"② 一百多年后的事实证明，**西方工业化不断排放、不断积累的二氧化碳等温室气体直接引发了全球气候异常变化、全球平均气温不断上升的全球性生态灾难，成为 21 世纪人类最大的发展危机。**

马克思主义自然辩证法也在西方哲学史中第一次正确提出了处理人与自然关系的准则③，即通过人类自身发展与技术进步最终迈向人与自然的和谐。正如马克思在《1844 年经济学哲学手

---

① 恩格斯：《自然辩证法》（1873—1882），见《马克思恩格斯选集》，2 版，第 4 卷，383~384 页，北京，人民出版社，1995。
② 同上书，383 页。
③ 在古希腊哲学中，人始终是自然界的一部分，人的最高目的和理想不是行动，不是去控制自然，而是静观，即作为自然的一员，深入到自然中去，领悟自然的奥秘和生机。

稿》中所描述的未来共产主义情景："这种共产主义，作为完成了的自然主义，等于人道主义，而作为完成了的人道主义，等于自然主义，它是人和自然界之间、人和人之间的矛盾的真正解决，是存在和本质、对象化和自我确证、自由和必然、个体和类之间的斗争的真正解决。"① 这与中国人的"天人合一"、"大同世界"有相通之处，殊途同归，都以实现人与自然相互和谐、共生共荣为目的。

尽管马克思恩格斯创新性地提出了自然辩证法，但是他们并没有亲身经历和具体实践，在当时也不可能提出解决人与自然矛盾、缩小人与自然差距的具体途径。

自然辩证法理论为绿色发展理论提供了深厚的理论基础与方法论，借助这一方法，我将人与自然的关系概括为三个阶段②：第一个阶段，人是自然的奴隶，人是被动的，人的一切活动都受到自然的控制。第二个阶段，人试图成为自然界的主宰，人类无度地向自然界索取。这一阶段既是人类进入工业化、城市化、现代化的黄金时期，也是人（需求与消耗）与自然（承载与供给）之间差距不断扩大，资源环境与发展的矛盾凸显的时期。这是典型的"先污染，后治理"的黑色发展模式。第三个阶段，人不再是自然界的主宰，而是自然界的朋友，自然生态系统与社会经济系统形成良性循环，迈入新型的"人与自然和谐"的绿色发展道路。

---

① 马克思：《1844年经济学哲学手稿》，见《马克思恩格斯全集》，第42卷，120页，北京，人民出版社，1979。

② 1994年，作者陪同中科院院士刘东生（2003年度国家最高科学技术奖获得者，时任中国科学院贵阳地球化学所荣誉所长）等六位院士到贵州考察。刘东生院士曾讲过这个"三阶段说"，作者受到启发并作了进一步的讨论。参见胡鞍钢等：《中国自然灾害与经济发展》，武汉，湖北科学技术出版社，1997。

（三）可持续发展理论

可持续发展是人类进入 20 世纪下半叶，面对巨大的自然环境危机挑战，进行的第一次反应与应战，并很快取得了全球共识。

1962 年，《寂静的春天》一书问世，标志着人类对于生态环境问题反思的开始，书中问道："春天的鸟儿到哪里去了？为什么留下一片寂静？"① 1972 年，罗马俱乐部发布了著名的题为《增长的极限》的报告，开始引发人类对于环境问题的普遍关注。同年，第一次联合国人类环境会议在瑞典斯德哥尔摩召开，通过了《人类环境宣言》。环境问题自此列入国际议事日程，人类开始认识到环境与发展之间的联系，呼吁各国就解决环境问题开展合作。1980 年在联合国大会上首次提出了可持续发展概念。其后 1987 年世界可持续发展委员会在题为《我们共同的未来》报告中对这一概念进行了界定——"可持续发展是在满足当代人需要的同时，不损害人类后代满足其自身需要的能力"。可持续发展思想的提出是人类对于现代工业社会所面临的生态环境挑战的一种滞后性、延迟性的响应，不过很快成为国际社会政治共识。它开启了全球视野下对于资本主义生产方式的反思，并提出了对于传统发展道路的有限修正。

不过，可持续发展仍然是一种被动的、不自觉的、修正式的调整。它还是认同西方工业革命以来，以消费主义为动力，以资源能源消耗、污染排放、生态破坏为特征的黑色现代化模式，只是在黑色模式出现危机之后，试图进行修正。形象地说，工业文明下的黑色发展模式就是"杀鸡取卵，竭泽而渔"，"吃祖宗饭，

---

① ［美］蕾切尔·卡逊：《寂静的春天》，11 页，上海，上海译文出版社，2007。

造子孙孽"；可持续发展模式就是不给后人留下后遗症，不断子孙之路。可持续发展没有改变也不可能改变西方资本主义发展模式的根本特征——高资源消耗、过度消费、高污染排放，它的理论根源仍然是人类中心主义，强调修正人类控制自然的模式，而不是实现人与自然之间的永久和谐。也正因为此，可持续发展思想支配下的人类实践仍然只是西方国家在自然危机压力下被动性调整生产方式，甚至利用经济全球化，通过产业转移、生产转移、贸易转移，使资源消耗、污染排放和温室气体排放向南方国家转移的现象。过去的几十年实践表明，这种修正式的努力并没有取得成功，世界的发展变得更加不可持续，随着气候变化问题的凸显，人类已经置身于前所未有的生态环境危机之中。

1992年6月，联合国在巴西里约热内卢召开了全世界178个国家首脑高峰会议，李鹏总理参加了此次会议，代表中国政府签署了《环境与发展宣言》。同年7月，由国家计划委员会和国家科学技术委员会牵头，组织52个部门、机构和社会团体编制了《中国21世纪议程——中国21世纪人口、环境与发展白皮书》（以下简称《议程》）（见专栏2—1）。1994年3月25日，国务院第16次常务会议讨论通过了《议程》，为推动《议程》的实施，同时制定了《中国21世纪议程》优先项目计划。1995年，中国正式将可持续发展作为国家的重大战略，号召全国人民积极参与这一伟大实践。[①] 江泽民同志还特别强调：必须切实保护资源和

---

① 江泽民在中共十四届五中全会上的讲话中指出，在现代化建设中，必须把实现可持续发展作为一个重大战略。要把控制人口、节约资源、保护环境放到重要位置，使人口增长与社会生产力发展相适应，使经济建设与资源、环境相协调，实现良性循环。（参见江泽民：《正确处理社会主义现代化建设中的若干重大关系》（1995年9月28日），见《江泽民文选》，第1卷，463页，北京，人民出版社，2006。）

环境，不仅要安排好当前的发展，还要为子孙后代着想，**决不能吃祖宗饭、断子孙路，走浪费资源和先污染、后治理的路子**。①中国的可持续发展实践不仅充分吸收了国际上的可持续发展思想，而且充分反映中国因素，逐步开始了中国反思，在实践中凸显中国创新，特别是首次提出引导建立可持续的消费模式，这已经触及资本主义发展道路的根本局限所在，标志着中国的可持续发展实践正在逐步超越西方的可持续发展思想。

专栏 2—1　中国 21 世纪议程（1994 年 3 月）

中国 21 世纪议程即《中国 21 世纪人口、环境与发展白皮书》，是从中国的具体国情和环境与发展的总体出发，提出的促进经济、社会、资源、环境以及人口、教育相互协调、可持续发展的总体战略和政策措施方案。它是制定中国国民经济和社会发展中长期计划的一个指导性文件。

议程共 24 章，78 个方案领域，20 余万字。分为"可持续发展总战略"、"社会可持续发展"、"经济可持续发展"、"资源的合理利用与环境保护"四大部分。

中国 21 世纪议程的近期目标（1994—2000 年）：重点是针对中国存在的环境与发展的突出矛盾，采取应急行动，并为长期可持续发展的重大举措奠定坚实基础，使中国在保持适度经济增长速度的情况下，使环境质量、生活质量、资源状况不再恶化，并局部有所改善；加强可持续发展的能力建设也是近期的重点目标。

中期目标（2000—2010 年）：重点是为改变发展模式和消

---

① 参见江泽民：《正确处理社会主义现代化建设中的若干重大关系》（1995 年 9 月 28 日），见《江泽民文选》，第 1 卷，464 页，北京，人民出版社，2006。

费模式而采取的一系列可持续发展行动；完善适用于可持续发展的管理体制、经济产业政策、技术体系和社会行为规范。

长期目标（2010年以后）：重点是恢复和健全中国经济——社会——生态系统调控能力，使中国经济、社会发展保持在环境和资源的承受能力之内，探索一条适合中国国情的高效、和谐、可持续发展的现代化道路，对全球的可持续发展进程做出应有的贡献。

中国21世纪议程优先项目计划框架的优先领域包括：资源与环境保护、全球环境问题、人口控制与社会可持续发展、可持续发展能力建设、工业交通的可持续发展、农业可持续发展、持续的能源生产与消费。

从2003年以来，党中央提出了科学发展观，其中明确提出了统筹人与自然的和谐发展，形成有利于节约资源、减少污染的生产模式和消费方式，建设资源节约型和生态保护型社会，这就进一步深化了人们对人与自然关系的认识。

可持续发展思想提出至今，在指导人类环境保护等方面取得了巨大成就，但仍然存在根本的局限性。可持续发展的被动性、修正式的观念已经落后于人类发展的需要，人类发展到21世纪正处在一个历史性的"十字路口"，人类需要对二百多年来的工业化模式进行根本性的变革，才能应对我们所面临的严峻挑战。同样，我们需要在发展理念上进一步突破可持续发展的局限性，根据中国的科学发展观，创新绿色发展理念，从可持续发展转向绿色发展，逐步开拓出一条"中国之路"，即具有中国特色的社会主义现代化发展道路。

二、绿色发展的含义

本文所提出的绿色发展理念和理论来源于三个方面：一是中国古代"天人合一"的智慧，成为现代的天人合一观，即**源于自然，顺其自然，益于自然，反哺自然，人类与自然共生、共处、共存、共荣，呵护人类共有的绿色家园**；二是马克思主义自然辩证法，成为现代的唯物辩证法；三是可持续发展，成为现代工业文明的发展观。三者交融，三者贯通，最终集古代现代的人类智慧之大成，融东西方文明精华于一炉，形成绿色哲学观、自然观、历史观和发展观。**绿色发展观本质就是科学发展观，充分体现了"坚持以人为本，树立全面、协调、可持续的发展观，促进经济社会和人的全面发展"**①。

什么是绿色发展？绿色发展的经济学含义是什么？我们又如何比较准确地界定绿色发展？这里，作者先简要地梳理从经济发展到可持续发展，再从全面综合发展到绿色发展，再到科学发展的不同含义，最后说明绿色发展就是科学发展。

经济发展。一个国家摆脱贫困落后状态，走向经济和社会生活现代化的过程即称为经济发展。经济发展不仅意味着国民经济规模的扩大，更意味着经济和社会生活水平的提高。它还没有涉及到保护环境，可持续发展。

---

① 《中共中央关于完善社会主义市场经济体制若干问题的决定》（2003年10月14日中国共产党第十六届中央委员会第三次全体会议通过），见《十六大以来重要文献选编》（上），465页，北京，中央文献出版社，2005。

可持续发展。这是 1987 年世界环境与发展委员会提出的发展战略。可持续发展是指既能满足当代人的需要，又不对后代人满足其需要的能力构成危害的发展。① 形象地讲，**可持续发展是"不断子孙路"**②，当代人的发展不要给后代人留下后遗症或不良生态资产。它还没有体现"前人种树，后人乘凉"，给后人留下更多的生态资产这种理念。

全面综合发展。这是 1998 年世界银行提出的发展思路。全面综合发展是指发展意味着整个社会的变革，是促进各种传统关系、传统思维方式、传统生产方式朝着更加"现代"的方向转变的变革过程。21 世纪的发展任务就是促进社会转型，促进人类发展，不仅提高人均 GDP，而且还将提高以健康、教育、文化水准为标志的人的生活质量，消除绝对贫困，改善生态环境，促进人类可持续发展。③

绿色发展。这是 2002 年联合国开发计划署在《2002 年中国人类发展报告：让绿色发展成为一种选择》中首先提出来的。该报告阐述了中国在走向可持续发展的十字路口上所面临的挑战。中国的发展对于世界的稳定具有举足轻重的作用。中国目前城市现代化发展的速度之快，在人类历史上前所未有。中国实现绿色发展的目标将会遇到极大的挑战，需要一整套政策和实践相配合，其规模之宏大，程度之复杂在人类历史上前所未有。虽然有

---

① 参见世界环境与发展委员会：《我们共同的未来》，长春，吉林人民出版社，1997。

② 江泽民同志指出："可持续发展，就是既要考虑当前发展的需要，又要考虑未来发展的需要，不要以牺牲后代人的利益为代价来满足当代人的利益。"（江泽民：《坚定不移地贯彻计划生育的基本国策》（1996 年 3 月 10 日），见《江泽民文选》，第 1 卷，518 页，北京，人民出版社，2006。）

③ 参见 1998 年 10 月 19 日世界银行副行长兼首席经济学家约瑟夫·斯蒂格利茨在日内瓦召开的联合国贸易与发展会议上的演讲。

了明确的承诺和清醒的意识，但在实现绿色发展的道路上，还需要做出正确的选择。

科学发展观。这是中国创新的发展观。2003年中共中央在十六届三中全会上明确提出："坚持以人为本，树立全面、协调、可持续的发展观，促进经济社会和人的全面发展"；并提出了"五大协调发展战略"，即"统筹城乡发展、统筹区域发展、统筹经济社会发展、统筹人与自然和谐发展、统筹国内发展和对外开放"[①]。科学发展观是运用历史唯物主义和辩证唯物主义理论，从中国社会主义现代化的实际出发，真正统筹人与自然和谐发展（见专栏2—2）。党的十七大报告将科学发展观概括为"第一要义是发展，核心是以人为本，基本要求是全面协调可持续，根本方法是统筹兼顾"。正是根据科学发展观的指导思想，中国政府制定和实施了"十一五"规划，又制定了"十二五"规划，开辟了人类历史上最大规模的绿色发展实践。可以认为，**科学发展观就是当代的马克思主义自然辩证法，也是当代的马克思主义发展观**。

专栏2—2　胡锦涛谈"人与自然"的关系（2005年2月19日）

大量事实表明，人与自然的关系不和谐，往往会影响人与人的关系、人与社会的关系。如果生态环境受到严重破坏、人们的生产生活环境恶化，如果资源能源供应高度紧张、经济发展与资源能源矛盾尖锐，人与人的和谐、人与社会的和谐是难以实现的。目前，我国的生态环境形势相当严峻，一些地方环境污染问题相当严重。随着人口增多和人们生活水平的提高，

[①] 《中共中央关于完善社会主义市场经济体制若干问题的决定》（2003年10月14日中国共产党第十六届中央委员会第三次全体会议通过），见《十六大以来重要文献选编》（上），465页，北京，中央文献出版社，2005。

经济社会发展与资源环境的矛盾还会更加突出。如果不能有效保护生态环境，不仅无法实现经济社会可持续发展，人民群众也无法喝上干净的水，呼吸上清洁的空气，吃上放心的食物，由此必然引发严重的社会问题。要科学认识和正确运用自然规律，学会按照自然规律办事，更加科学地利用自然为人们的生活和社会发展服务，坚决禁止各种掠夺自然、破坏自然的做法。

资料来源：胡锦涛：《在省部级主要领导干部提高构建社会主义和谐社会能力专题研讨班上的讲话》（2005年2月19日），见《十六大以来重要文献选编》（中），715～716页，北京，中央文献出版社，2006。

本书的绿色发展界定为经济、社会、生态三位一体的新型发展道路，以合理消费、低消耗、低排放、生态资本不断增加为主要特征，以绿色创新为基本途径，以积累绿色财富和增加人类绿色福利为根本目标，以实现人与人之间和谐、人与自然之间和谐为根本宗旨。从这个意义上看，绿色发展观就是科学发展观。

绿色发展是对黑色发展的深刻批判和根本性决裂，同时也继承了可持续发展思想，并且超越了可持续发展。因为可持续发展是对二百多年资本主义工业化传统模式的修正，尚没有触及这一模式的本质，更谈不上根本改变这一模式，特别是高消费、过度消费的模式，这已经成为发达国家的利益刚性、路径锁定，几乎很难降低人均资源消耗和人均污染排放。而发展中国家却有可能独辟蹊径，通过绿色发展，实现绿色创新，从而避免重走发达国家的老路，重复它们的发展模式。

可持续发展要求被动地适应自然的限制条件，绿色发展则要求人类主动把握自然的发动因素；可持续发展是人类中心主义，绿色发展却视人与自然为不可分割的系统；**可持续发展是不给后**

人留下遗憾或后遗症，绿色发展是为后人"乘凉"而"种树"，增加更多的投入，留下更多的生态资产，"功在当代，利在千秋"，"造福子孙，造福人类"。

首先，绿色发展是开创生态文明的道路。西方传统的发展模式，以高（资源）消耗、高污染（排放）、高（碳）排放作为主要特征，其根本的路径是建立在自由竞争与自利的市场基础之上的资本驱动型的发展道路，造成破坏资源、污染环境的市场失效和负外部性。可持续发展是对传统模式的局部修正，绿色发展则是对传统模式的根本变革。绿色发展是建立在绿色市场和合理消费基础之上的自律式发展道路。绿色发展着眼于处理人与自然之间的关系，从对自然的掠夺性、肆意性变为和谐性、自律性，从以往经济中心主义和单纯经济利益导向发展转变为对于生态社会经济的全面衡量和对于社会人类自然的全面尊重。党的十六大、十七大报告创造性地提出中国生态文明的道路，就是"生产发展、生活富裕、生态良好的文明发展道路"。这就是我们所说的经济、社会、自然三大系统、三位一体的统一、统筹、协调的发展道路。

绿色发展就是绿色的系统观，建立在人类和自然界相互依存、相互影响的基础之上。首先是绿色生产观，即节省资源的投入，提高利用效率，进行清洁生产，物质尽可能多次利用和循环利用；其次是绿色消费观，即发达国家从过度消费到适度消费，发展中国家从低消费到合理消费、绿色消费；再次是绿色发展观，即促进人与自然全面协调发展，人与人全面协调发展，人类的永久发展与全面公平的发展观念。

其次，绿色发展道路是一条中国开创引领的新型发展道路。传统的黑色发展道路主要是在以西方国家作为主导的国际体系中发展。如果中国沿着这条老路，照搬照抄、模仿跟随、亦步亦趋，势必脱离国情条件，也脱离世情条件，再有几个地球也不足以满足中国的巨大需求，这就决定了中国必须独辟蹊径，创新绿色发展道路，成为倡导者、创新者和领跑者，从而为南方国家提供新型发展道路的示范和启示。

再次，绿色发展是一条创新跨越式发展道路。绿色发展充分发挥人的主观能动性，国家战略的宏观指导性，地方创新的积极性，企业创新的主体性，全民参与的广泛性，加快转变经济发展方式，改变原有发展路径，隧穿库兹涅兹曲线，提前实现发展与不可再生资源消耗、污染物排放、温室气体排放脱钩，大幅度减少资源、环境、生态成本，进入永续发展、生态盈余的新时代。

最后，绿色发展是一套全新的价值观和发展理念，本质上就是科学发展观。在过去的二百多年中，西方经济观念指导下的三次工业革命在极大促进了人类物质生活水平提高（正外部性）的同时，给人类的生存环境带来了巨大危害（负外部性），我们可以将其称之为"黑色发展观"。而绿色发展观，则与西方的"黑色发展观"有着截然不同的含义。融合了东方文化基础的绿色发展观，形成了一套全新的发展观念，在价值层面不再盲目追求人类发展的物质层面速度与总量的积累，不仅注重对于发展质量和成本的考量，而且更加注重生态建设、环境保护、生态资产增值、与碳排放脱钩，给人类生存环境带来巨大生态效益（正外部性）。

三、绿色工业革命：从第一次到第四次工业革命

（一）绿色工业革命的经济学含义

在人类社会的发展过程中，科学技术的进步和经济系统模式

的变化集中体现在"革命"时期，会对人类社会、经济、政治、文化等方面带来极其深远的影响，并最终推动整个人类文明的前进。而具体到人类最近发展的两百多年，则是以三次工业革命为契机，促使人类社会从传统农业社会转向工业化、城市化和现代化方向。正如张培刚先生在1949年出版的《农业与工业化：农业国工业化问题初探》一书中所述：通过启动国民经济中"一系列基要生产函数组合方式发生连续变化"[①]，就能发动工业化的进程，并推动经济长期持续增长、促进社会生产力发生变革、进而促进社会经济结构发生根本性的转变。

不同类型工业革命的发生，本质上是基于不同基要生产函数组合方式及变化。回顾以往的三次工业革命，都出现了新的基要生产函数组合方式：如人口数量、组成以及地理分布的变化，所赖以发展的主要资源和能源的变化，社会制度的变化，生产技术的变化，以及企业家创新才能的培育，等等。[②] 因此，要发动新的工业革命，就需要促进基要生产函数的改变，包括量变、部分质变和质变，先后形成的四次工业革命，它们具有不同的重要特征。（见表2—1）

表2—1　　四次工业革命的主要特征（1750—2050）

	第一次工业革命	第二次工业革命	第三次工业革命	第四次工业革命
时间（年）	1750—1850	1850—1950	1950—2000	2000—2050
世界总人口（亿人）	8～11	11～25	25～61	61～93
世界GDP（万亿美元）	0.5～0.7	0.7～5.3	5.3～36.7	—

---

① 张培刚：《农业与工业化：农业国工业化问题初探（1949）》，65页，武汉，华中工学院出版社，1984。

② 参见上书。

续前表

	第一次 工业革命	第二次 工业革命	第三次 工业革命	第四次 工业革命
主导国	英国	美国、英国、前苏联	美国、日本、欧洲、前苏联	中国、美国、欧盟、日本、印度
跟随国	美国、法国、德国	德国、法国、日本、澳大利亚	亚洲四小龙、中国、印度	其他发展中国家
主导产业	农业生产力大幅提高，工业迅速发展	工业，通讯、交通产业	信息经济兴起，服务业开始占主导	服务业主导，知识经济、绿色经济兴起
主要技术	蒸汽机、棉纺织品、铁器、瓷器	各种新型产品和消费品	ICT 技术、核能技术	绿色能源、绿色技术、绿色建筑、绿色交通
经济组织	商业公司出现	"大企业"出现，国际经济合作开始紧密	跨国公司及中小企业迅速发展	跨国公司、中小企业、网络企业、虚拟公司
主要能源	煤炭	石油、天然气	石油、天然气、核能	非化石能源比重迅速上升、化石能源比重下降
资源利用效率	低下	有所提高	提高	明显提高
消费方式	消费增长	消费增长	高消费、过度消费	适度消费、合理消费
环境质量	开始恶化	持续恶化	严重恶化	开始改善
碳排放	开始增长	持续增长	迅速增长	开始脱钩，甚至下降
人与自然间的差距	开始扩大	不断扩大	急剧扩大	开始缩小

前三次工业革命资料来源：[美] 托马斯·K·麦克劳：《现代资本主义：三次工业革命中的成功者》，南京，江苏人民出版社，2006；第四次工业革命系作者整理。

世界总人口来源：联合国人口数据库：http：//esa.un.org/unpd/wpp/unpp/p2k0data.asp。

世界 GDP（1990 年国际美元）数据来源：Angus Maddison 数据库：Historical Statistics of the World Economy：1-2008 AD，http：//www.ggdc.net/maddison/MADDISON.htm。

第一次工业革命所开创的"蒸汽时代"（1750—1850年），标志着农耕文明向工业文明的过渡，是人类发展史上的一个伟大奇迹；工业化的过程，是基要生产函数组合在本质上的"突变"过程，首次采用煤炭替代了生物能源作为工业化的主要能源，也开始了碳排放和全球变暖的过程。在此后，第二次工业革命又进入了"电气时代"（1850—1950年），使得电力、钢铁、铁路、化工、汽车等重工业兴起，石油成为新能源，并促使交通业迅速发展，世界各国的交流更为频繁，并逐渐形成一个全球化的国际政治、经济体系。两次世界大战之后开始的第三次工业革命，更是开创了"信息时代"（1950—2000年），全球信息和资源交流变得更为迅速，大多数国家和地区都被卷入到全球化进程之中，世界政治经济格局进一步确立，而人类文明的发达程度也达到空前的高度。

然而，这两百多年来人类对自然资源的掠夺和破坏，也同样是空前的。在前三次工业革命过程中，人类不断做出技术上的创新，促进基要生产函数组合方式的不断变化，但在这种机制中，人与自然之间、国家与国家之间的公平性却没有得到体现，相反，由于外部性导致的"市场失灵"，人对大自然的资源掠夺、北方国家对南方国家的经济掠夺随着技术的进步反而日益严重，并最终酿成全球经济危机和生态环境、气候变化的双重危机。

人类在21世纪伊始开始进入了第四次工业革命即绿色工业革命（见表2—1）。受张培刚先生的启发，我将**绿色工业革命定义为：一系列基要生产函数**[①]，发生从以自然要素投入为特征，

[①] 这里参照了张培刚先生关于工业化的定义。参见张培刚：《农业与工业化：农业国工业化问题初探（1949）》，70～71页，武汉，华中工学院出版社，1984。

到以绿色要素投入为特征的跃迁过程,绿色生产函数逐步占据支配地位,并普及至整个社会。这一过程的后果是经济发展逐步和自然要素消耗脱钩。这包括以下几个含义:

绿色工业革命是绿色要素替代传统黑色要素的过程,也是要素组合绿色化的过程。 从第一次工业革命到第四次工业革命,实际上是指投入要素的变化和要素的重新组合。新型要素对于传统要素具有替代效应,绿色工业革命根本上是基要生产函数引入绿色生产要素(包括物质资本、技术资本),以实现对于自然要素的替代,逐步占据支配地位,并实现要素组合绿色化的过程,并最终实现经济增长与自然要素消耗的脱钩。

绿色工业革命从一些先导部门的基要生产函数开始绿色变革,并引起其他部门被诱导的生产函数的变革。 然后由这几个主导部门和领域逐步向整个社会扩散,最终要将所有要素实现绿色化的替代和组合,即基要生产函数突变,由先导性变为主导性,并得到全面应用。

绿色工业革命是一个量变到局部质变,再到突变的过程[①]。基要生产函数的变化既包括连续的变化(量变),又包括渐进的变化(量变到部分质变),以及跨越式的"突变"(完全的质变)。基要生产函数是连续性变化,连续发生,从低级到中级再到高级,循序渐进。这表明绿色工业革命并不是间断的时间点,而是一个渐进过程,其具体的表现即绿色发展是一个长期的连续并不断积累的过程。这就需要我们自觉地促进大量的量变,还要促进许多部分质变,进而实现质变。这就是加快转变经济发展方式的

---

① 毛泽东指出:"在一个长过程中,在进入最后的质变以前,一定经过不断的量变和许多的部分质变。"(毛泽东:《读苏联〈政治经济学教科书〉的谈话(节选)》(1959年12月—1960年2月),见《毛泽东文集》,第8卷,107页,北京,人民出版社,1999。)

深刻含义。绿色发展就是经济转型的"牛鼻子",起到"纲举目张"的带动作用。

绿色工业革命有发动因素和限制因素。在要素组合方式的变化过程中,同一种要素,在不同的组合方式和环境条件下,既有可能是一种工业革命的"发动因素",也有可能成为"阻碍因素"。根本的增长动力来源于制度变革和技术变化,这意味着绿色技术和绿色制度的创新启动了"一系列基要生产函数的组合方式发生连续变化",这种变化将突破人口和资源的限制因素,并占据支配地位。但是技术和制度同样有可能具有正反两方面的作用,由发动因素变为限制因素,这就取决于我们在进行具体制度安排和技术创造时对于绿色发展的意识、意愿的重视。

从世界范围和未来趋势看,绿色发展和绿色工业革命将是一个长期的基本趋势,是各类生产要素不断被绿化或者绿色组合多样化的进步趋势。从生产角度看,绿色产业迅速兴起,绿色能源成为新动力源,绿色经济成为新增长源,实现传统能源绿化,传统经济绿化;从消费角度看,发达国家从过度消费到合理消费,发展中国家从低消费到合理消费,最不发达国家提高消费水平。目前绿色工业革命还处于酝酿期、萌芽期和发动期,在不远的将来很快会进入爆发性增长、大规模应用、超大规模扩展期。

(二)绿色工业革命的主要特征

从1750年以来,由西方国家主导的三次工业革命都属于"黑色工业革命",虽然也出现了一定的修正和调整,但人与自然间的关系却在不断恶化(见表2—1)。对四次工业革命的主要特征进行对比,可以看出,第四次工业革命在基要生产函数的组合上，与前三次工业革命相比，发生了根本的变化。

第四次工业革命与前三次工业革命的根本区别，在于"人与自然"之间关系的改善：如果说，在狩猎和农耕文明时期，人类更多像是自然界的"奴隶"，在工业文明时代来临之后的很长一段时间里，人类都倾向于以自然界的"主人"自居，却迟迟未能意识到这种对于自然资产无止境的掠夺和破坏所带来的危害。直到近十年来，自然界的"报复"日益显现，在严重的全球生态环境危机的挑战下，人们才开始自我反省，并由此出现了"绿色工业革命"的契机。

首先，从参与国家来看，前三次工业革命只有少数国家参与其中，而第四次工业革命需要全球所有国家和地区的共同参与。生态环境危机是全球性的，也需要全球合作的集体行动。在这一过程中，中国作为最大的发展中国家，将首次作为工业革命的主导者出现在世界舞台上。

其次，从主导产业和技术创新来看，伴随着基础理论的重大突破，技术层面上不断革新；从基要生产函数来看，关键投入要素的组合也在不断变化。在不同的时代，每一次工业革命都有着不同的驱动力，及其典型的产业形式和具有代表性的产品。在第一次工业革命时期，影响生产函数中技术参数的关键因素是蒸汽机的改进和广泛使用；第二次工业革命时是电力和铁路交通；第三次工业革命时，则主要是ICT产品与技术。绿色工业革命将是一次全方位的产业革命：它既包括低能耗的绿色产业，也包括对过去"黑色产业"的"绿化"；既包括新能源的开发和利用技术，也包括各种节能减排技术的开发和推广。第三次工业革命中兴起的信息技术、核能技术等"绿色技术"，将在绿色工业革命中得到更为广泛的运用；而第二次工业革命中产生的电气技术等"黑色"或"褐色技术"，则可以在绿色工业革命中得到"绿化"。在这一过程中，研发投入占 GDP 比重的变化，积累到一定程度，可以促使整个产业结构发生"根本"的转变。①

第三，在参与组织方面，将有各种类型的经济组织广泛参与到绿色工业革命之中，除了跨国公司、中小企业等传统经济组织之外，网络企业、虚拟公司等新兴组织也将参与其中，此外，许多非营利性的社会组织，也将在绿色工业革命中发挥重要作用。同时，各种不同的社会组织以及国家制度本身，既可能促进绿色工业革命的发生，也可能成为绿色革命的障碍。②

第四，从主要能源来看，前三次工业革命中，人类开发了煤炭、石油等"黑色能源"，并因此导致了严重的温室气体排放和全球气候变化危机。第四次工业革命则是对这一"挑战"的回应：将从根本上促使能源结构发生重大改变，非化石能源比重大幅上升，化石能源比重迅速下降，同时，也会带来可再生清洁能源技术的飞速进步和广泛运用。

第五，从资源利用效率来看，随着三次工业革命过程中，越来越多的新技术得到开发和应用，同时在全球化市场的建立过程中，价格信息对于资源配置的作用日益显著，促进更多资源节约型技术的产生，对资源的利用效率会逐渐上升。不过，由于前三

---

① 联合国环境规划署 2011 年发布的报告《迈向绿色经济：通往可持续发展和消除贫困的各种途径，面向政策制定者的综合报告》指出，在十大关键部门投入 GDP 的 2%，就能够促进目前高污染、低效率的"褐色经济"向"绿色经济"转型。

② 那些本身就处于"绿色"行业的企业组织，将推动绿色革命的发生；而那些处于"黑色"行业的组织，则可能阻碍绿色革命。如果一个国家的制度结构使得政府决策容易被大的利益团体"绑架"，这种利益团体又恰恰属于"黑色"行业，则这个国家很可能在绿色工业革命中举步维艰。以美国为例，尽管拥有强大的物质资本和科技实力、人才优势，也有如戈尔、奥巴马等致力于推动绿色经济发展的领导人，但由于石油、煤炭巨头等利益团体的游说能力，导致其在节能减排和新能源的发展上始终进展缓慢。

次工业革命过程中始终未能克服不同国家之间、人与自然之间的不平等、不公平问题，在提高资源利用效率上仍然存在着明显的区域差距，并导致全球资源消耗的速度和总量仍然在不断上升。而第四次工业革命则将会从根本上带来全球资源利用效率的显著提高，这不仅是技术上的革命与创新，也是全球经济格局和制度上创新的结果。

第六，从消费方式来看，前三次工业革命中，资本主义的"无节制"消费愈演愈烈，资源和能源利用效率的提高，远远赶不上人类消费的急速扩张。而第四次工业革命则将从根本上扭转这一趋势，走向"自律"、"自省"的消费方式，实现绿色消费、适度消费与合理消费。

第七，从环境质量来看，前三次工业革命中，全球生态环境一直处于恶化状态，且受到波及的范围越来越广。[1] 在第四次工业革命中，南方国家将更清醒地意识到生态资产的价值，并致力于环境的改善，而在技术方面，循环经济、清洁生产机制等新的生产方式在南方国家的广泛运用，将进一步提高各种资源和能源的运用效率，并大幅度减少污染物，从"高排放"转向"低排放"，甚至实现"零排放"。

第八，从碳排放来看，三次工业革命，一方面带来了经济增长速度的迅速提高，同时也造成了碳排放的急剧增加，并导致全

---

[1] 第一次工业革命后的"蒸汽时代"中，煤炭作为主要能源，不仅带来巨大的碳排放，同时也造成较为严重的污染。而第二次工业革命后的"电气时代"转向石油、天然气能源，虽然清洁程度相对有所上升，但生产和消费能力的迅速提高，对生态环境造成的压力仍然在持续扩大。第三次工业革命催生了全新的信息产业，给北方国家带来了产业结构的重大调整，低排放、低污染的服务业成为北方国家的主导产业，但同时也造成全球产业链条的深化，南方国家更多地承接了北方国家的产业转移，而且在对于环境问题的认识和重视程度上落后于北方国家，最后导致的结果是污染的全球化和生态环境损害后果的严重恶化。

球气候变化、自然灾害风险增加等一系列挑战。第四次工业革命的核心目标，就是促进经济增长和碳排放的"脱钩"，甚至能够使得碳排放出现下降，最终得以尽早实现将全球气温升幅控制在2℃以内的目标。

（三）绿色工业革命最重要的标志："全面脱钩"

纵观三次工业革命，人类事实上已经达到了对自然资产的利用"极限"，在获得经济增长的同时，导致全球绿色福利的不断降低，并导致经济收入不平等、资源消费量不平等、生态环境的污染责任和代价承受不平等问题日益突出。

与前三次工业革命不同，绿色工业革命是对资本主义发展模式的一次自觉的超越，其正是要从根本上解决人类发展模式与自然资源、生态环境之间的矛盾，从本质上改变人类从1750年以来经济发展的模式和路线图，在实现经济增长和碳排放之间"脱钩"的同时，促进经济增长和生态资本消耗间的"全面脱钩"，缩小人与自然之间的差距、人与人之间的差距，以及人与国家之间的差距。

绿色工业革命的"脱钩"目标，就是要从前三次工业革命过程中只重视经济收益、忽视生态环境代价的"盲目创新"、"黑色创新"转型为"自觉创新"、"绿色创新"，主动回应当前人与自然之间的严重矛盾和危机，在未来的发展中尽量减少人对自然的依赖性，消除经济发展与自然资产之间的对立性。

绿色工业革命的核心目标，首先是实现经济增长与碳排放的"脱钩"。 这包括三方面的内容：一是促使已有的"黑色"或"褐色"能源"绿化"，即采用能耗更低、更清洁的方式使用化石能源，使单位能耗的污染强度下降；二是促使化石能源的使用与经济产出之间"脱钩"，尽量减少化石能源在经济生产和消费中所占的比重；三是促进非化石能源、可再生能源、绿色能源的大幅上升，并促进这类能源的利用最终占据主导地位。

其次，在碳排放"脱钩"的基础之上，绿色工业革命还需要促使经济增长与生态资本相关要素的"全面脱钩"，包括土地资源、水资源、生态环境资源等等。要实现这一目标，首先还是需要在技术、制度、组织和物质资本投入等多方面因素的共同作用之下，提高资源利用效率，第二步则是尽早达到各类资源使用的"峰值"，接着就要促进其出现下降，从而实现生态资本要素的"盈余"。

总之，绿色工业革命的作用和本质是努力使得经济发展和自然财富的消耗全面脱钩，人类将从生态赤字扩大向生态赤字缩小转变，从生态赤字缩小向局部生态盈余转变，从局部生态盈余向全面生态盈余转变，根本性地扭转长期以来生态环境恶化的趋势。其突出表现为：第一是生态环境发生重大改善，煤炭消耗总量达到历史峰值并与经济增长脱钩；第二是水资源得到有效保护，水资源消耗总量与经济增长脱钩；第三是二氧化碳排放量增长率下降，进而二氧化碳排放量与经济增长脱钩；第四是耕地面积基本不变，进而耕地新增占用量与经济增长脱钩；第五是生态退化面积下降，包括水土流失面积，沙漠化、石漠化的面积下降，植被破坏面积下降；第六是环境质量全面好转，主要工业和生活污染物排放持续减少至环境自净限度内，形成天蓝、水碧、山青的美好家园。

因此，绿色工业革命的目的和本质就在于为人类、特别是发展中国家创新出新的发展模式，避免重蹈西方国家二百多年来的传统黑色发展模式，缩小南方国家与北方国家之间的差距，缩小人与自然间的差距。从关键的具体措施角度来说，绿色工业革命**就是要发展绿色能源、绿色工业制品、绿色消费等，使基要生产**

函数与碳排放脱钩,最终实现生态要素资本与经济发展间的"全面脱钩"。

(四)绿色工业革命的结果:迈向绿色文明时代

第一次工业革命使得人类从农业文明时代迈向工业文明时代,第二次、第三次工业革命,使得人类在全世界范围内发展了工业文明,而绿色工业革命,则将使人类从黑色的工业文明时代迈向新的绿色生态文明时代。

绿色文明是以"天人合一"、"天人互益"、人与自然和谐相处为基本价值观,以最大化人类绿色净福利为发展目标,生产方式、政治制度、社会生活、文化观念绿色化的一种新型的文明形态。

绿色文明是人心所固有的"天理"。地球是人类的母亲,人与自然密不可分,仁爱之心,萌乎人类的天性,扩充到全社会则是共同富裕社会,扩充到全人类则是"大同理想",而扩充到整个生物圈,则是"天人合一"、"绿色文明"。随着人类文明规模的扩大,人类需要有更为广阔的心胸来拥抱整个大自然,不如此,不但无从继续发展,甚至无从求生存。①

绿色文明是 21 世纪人类发展的人间正道。绿色发展是人类对于自然规律、经济规律、社会规律探索的最新集大成。"道法自然",自然之道才是人类的大道,人类的正道,绿色发展正是尊重自然、顺应自然、受益自然、反哺自然之道。经济发展之道是基要生产函数连续变化,并发生若干次突变的过程,绿色发展正是基要生产函数由黑色要素向绿色要素跃迁的过程,是人类经

---

① 参见[英]阿诺德·汤因比:《人类与大地母亲》,上海,上海人民出版社,2001。

济大转型、大发展之道。人间正道就是不断走向公平公正、走向共同富裕、走向大同世界的过程，绿色发展正是消除贫困、改善民生、不断增加绿色福利的发展之道。

四、绿色发展三大系统：社会、经济和自然系统

绿色发展是一个复合系统。马世骏、王如松在1984年就指出社会、经济和自然是三个不同性质的系统，但其各自的生存和发展都受其他系统结构、功能的制约，必须当成一个复合系统来考虑。他们称其为社会—经济—自然复合生态系统，即以人为主体的社会、经济系统和自然生态系统在特定区域内通过协同作用而形成的复合系统。[①] 这是中国学者最早在可持续发展领域中的整体观、系统观。进入新世纪以来，系统论思想被引入可持续发展，可持续发展被认为是经济可持续、生态环境可持续、社会可持续的交集。但是并没有注意到三者之间具有极强的沟通性、替代性、整体性以及动态性、伸缩性。我们在此基础之上，提出绿色发展系统理论。

绿色发展系统基于经济系统、自然系统、社会系统三大系统。绿色发展强调这三大系统全面公平和谐可持续的发展。从黑色发展到绿色发展是"经济—自然—社会"系统的全面转型，包括经济系统从黑色增长转向绿色增长，自然系统从生态赤字转向生态盈余，社会系统从不公平福利转向公平福利。绿色发展是绿

---

① 参见马世骏、王如松：《社会—经济—自然复合生态系统》，载《生态学报》，1984年第4卷第1期。

色增长、绿色福利、绿色财富的交集（指两者或三者相交）和并集，它们不断扩张的过程就是不断绿色发展的过程（见图2—1）。我们把它称之为绿色发展的"三圈理论"。

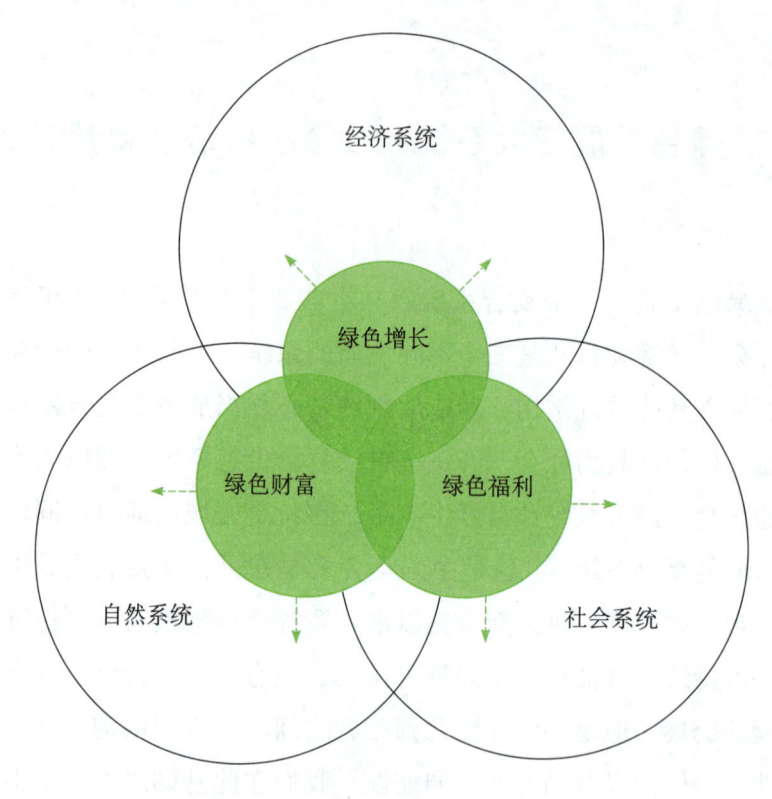

图 2—1　绿色发展的三圈理论

绿色发展是一个整体的系统，绿色增长、绿色福利和绿色财富并非是孤立和割裂的，三者相互联系、相互制约和相互渗透。绿色发展系统是一个活力系统，包括经济系统的创造力、社会系统的活力和自然系统本身的生命力。绿色发展是一个开放系统，与外部世界通过物质、信息流动紧密联系，对于外部世界有着巨大的正外部性，同时也受到外部世界的巨大影响。绿色发展的三大系统追求三大目标（见专栏2—3）。

专栏 2—3　**绿色发展的三大系统与目标**

　　自然系统的绿色发展目标是从生态赤字转向生态盈余。[①] 在自然系统中，与人类生产生活活动密切相关的部分，包括阳光、空气、山河、矿藏、植物、动物、微生物等物质和生命财富，可以被称为自然生态资本。自然生态资本客观存在于自然界，既受到自然系统内部物质与能量循环的影响，但同时也受到人类生产生活活动的影响。

　　在黑色发展模式中，人类经济系统高速发展依赖于对自然系统无节制的资源索取，并向自然系统排放大量污染物。这导致了自然系统**生态赤字——生态系统中物质和能量损耗速度高于生态自愈和修复速度而产生的自然生态资本不断衰减的情况。**在绿色发展中，人类经济系统的增长与资源消耗及污染排放增长完全脱钩。同时，人类将通过生态规划、污染治理、林业水利建设等多种方式，投资自然生态资本，从而实现**生态盈余——生态系统中物质和能量损耗速度低于生态自愈和修复速度而产生的自然生态资本不断增加的情况。**通常用生态环境指标的改善来表示。

　　经济系统的绿色发展目标是指经济系统发展从增长最大化转向净福利最大化。在经济发展早期阶段，经济发展过于注重经济规模的扩张，忽视了增长质量和发展成本，片面追求经济系统增长最大化——**物质数量的最大增长。**而在经济发展后期阶段，经济系统发展目标将不再单纯注重物质数量的增长，而是

---

　　① 生态资本是大自然赐予人类的物质财富和生命财富，其中自然生态资本是客观存在于自然界，又与人类的生产活动密切相关的那部分，包括阳光、空气、山河、矿藏、植物、动物、微生物等。

需要综合考虑经济增长的质量和发展成本，发展目标将是经济系统净福利最大化——**扣除各类发展成本（如资源成本、生态成本、社会成本等）情况下的增长数量与质量的最大化**。通常可以用绿色GDP来表示。

社会系统的绿色发展目标是指社会系统发展从不公平发展转向公平发展。社会系统的发展归根到底是人的发展。人既是发展的动力，也是发展的目的。但是在发展中，社会系统发展会呈现出不公平发展现象——**当代人发展以损害下代人发展为代价，同代人之间发展严重不均衡**。而在发展的新阶段中，社会系统发展将着重照顾弱势群体，实行公平发展——**兼顾当代人与下代人代际间，同代人横向之间的发展公平**。通常可以用不平等调整后人类发展指数（HDI）来表示①，与总人口数相乘，构成总人类发展指数（GHDI）。

绿色发展的最终目标是三大系统的整体绿化——三大系统的福利正值。具体地说，绿色发展的最终目标是三大系统中自然系统从生态赤字逐步转向生态盈余，经济系统从增长最大化逐步转向净福利最大化，社会系统逐步由不公平转向公平，由部分人群社会福利最大化转向全体人口社会福利最大化。

如何衡量绿色发展？基于绿色发展这一系统理论框架，分别对应经济—社会—自然三大系统，实现绿色增长、绿色福利、绿色财富，这就需要建立绿色增长指数、绿色福利指数、绿色财富指数三大指数来衡量。

首先是绿色增长。绿色经济，是在人类绿色发展模式下，一

---

① 参见联合国开发计划署：《2010年人类发展报告》。

种以市场为导向、以传统产业经济为基础、以经济与环境的和谐为目的而发展起来的一种新的经济形式,是产业经济为适应人类环保与健康需要而产生并表现出来的一种发展状态。"绿色经济"既是指具体的一个微观单位经济,又是指一个国家的国民经济,甚至是指全球范围的经济。具体地说,绿色经济包含两个方面的含义:其一,整个经济系统的绿色化,即在经济活动中,能源资源消耗降低,污染排放降低,碳排放降低等,最终达到经济活动与污染排放和资源消耗增长的脱钩。其二,绿色经济比重的提高,即在整个经济系统中,以绿色科技、绿色能源和绿色资本带动的低能耗、适应人类健康与环保的产业或者部门比重提高。

其次是绿色福利。绿色福利,是在人类绿色发展模式下,人类的健康水平、安全状态、生活质量得以不断提高的发展。社会系统的发展归根到底是人的发展。人既是发展的动力,也是发展的目的。绿色福利根本即是追求人的发展。具体地说,绿色福利应包括三个方面。其一,人的安全发展,即人身免于外力侵害与暴力限制的发展。这就要求一方面不断改善人与自然关系,增强抵抗自然灾害的能力,降低自然灾害频率,减少人员与人力资本损失;另一方面实现民主法治框架下的对于社会稳定的维持和对于国家公权力的限制,避免社会暴力侵害的可能,实现人基本权利的保障。其二,人的健康发展,即人得以免于食物与水的匮乏,在环境卫生、相对富足、健康稳定的社会环境下,实现自我成长与发展。这就要求一方面要保障自然环境,降低环境污染,减少环境污染带来人体疾病;另一方面要消除贫困,减少生态贫困人口,创造就业机会,加强人力投资,以保障人类生理健康和人格健全。其三,人的全面发展,即人类得以在公平的环境下实现生活质量的提高和发展。具体地说,人的全面发展一方面应当包括同代人横向之间的公平发展,另一方面应当包括当代人与下代人纵向之间的公平发展。这就要求，在社会系统中应当通过社会分配体系的完善，福利制度的改进，注重照顾弱势群体，始终坚持公平正义的社会主义理念，不断降低社会不公平程度，实现共同发展、共同繁荣、共同富裕，实现全体人民社会福利最大化。

再次是绿色财富。绿色财富是指在自然系统中，与人类生产生活密切相关的部分，包括阳光、空气、山河、矿藏、植物、动物、微生物等物质和生命财富。相比经济福利，绿色财富是一种看不见、未被统计或未被价值化的生态财富，却是日益稀缺、更加珍贵的人类生存、生产、生活的物质基础，同样也是人类整体财富中的一部分。但是由于其隐性特点，在传统发展模式下，绿色财富长期被人类所忽视。人类经济显性增长经常是以隐性绿色财富的损失为代价的，这就有可能造成总体财富的下降。绿色财富可以通过两方面的途径进行积累，其一是实现经济增长与不可再生资源消耗、污染物排放的全面脱钩，减少过度垦殖，减少资源损耗，以利于自然系统自身的修复；其二是通过主体功能区规划等方式保护自然、反哺自然，以物质资本、技术资本的投入，换取生态资本，增加绿色财富。①

五、绿色发展财富：从名义 GDP 到绿色 GDP

什么是财富？《辞海》对财富的定义是：具有价值的东西。由英国著名经济学家戴维·W·皮尔斯主编的《现代经济学词典》对财富下的定义是："任何有市场价值并且可用来交换货币

---

① 详见本书第五章第四节。

或商品的东西都可被看作是财富。它包括实物与实物资产、金融资产，以及可以产生收入的个人技能，当这些东西可以在市场上换取商品或货币时，它们被认为是财富。财富可以分成两种主要类型：有形财富，指资本或非人力财富；无形财富，即人力资本。所有财富都具有能产生收入的基本性质，收入即是财富的收益。因此，财富是存量概念，而收入则是流量概念，这种收入流量的现值，构成财富存量的价值。"① 通常我们也将财富分类为个人拥有的财富和全体居民财富的总和，或称为国家或社会的总财富。

尽管人类不断追求财富，不断创造财富，但是对于什么是财富，如何衡量财富，又如何创造财富，并不是很清楚。人类曾先后经历了三个重要标志性指标及体系，才日见清楚，也可以称之为人类对自己创造财富的三次大认识和发明。

第一次，20世纪三四十年代西蒙·库兹涅茨应美国商务部要求，领衔研究国民收入核算，构建了GNP指标及其核算体系。联合国等编著的1993年国民经济核算体系（Systems of National Accounts）成为世界各国官方统计的蓝本，衡量经济财富的GDP堪称20世纪人类最大的发明之一，但是它有很大缺陷，受到多方质疑。

第二次，20世纪90年代，联合国开发计划署根据阿玛蒂亚·森（1998年诺贝尔经济学奖获得者）的人类发展思想，构建了人类发展指数（HDI），超越了GDP所代表的经济财富，显示了更加广泛的人类财富，每年以《人类发展报告》形式将世界各国HDI指数予以公布。作者将HDI与总人口相乘定义为人类发展总值，简称GHDI，视为"人类发展总福利"，其衡量社会

---

① ［英］戴维·W·皮尔斯主编：《现代经济学词典》，640页，上海，上海译文出版社，1988。

财富包括社会公本，同时也包括了GDP。①

第三次，20世纪90年代末，世界银行首次提出了真实国内储蓄（Genuine Domestic Savings）的概念和计算方法，这是一种绿色GDP国民经济核算方法，是在扣除自然资产损失后新创造的真实国民财富的总量核算指标，它是对GDP的第二次创新。即便如此，人类对财富的认识和衡量仍旧存在信息上、认识上、知识上的不对称性和不完全性。

实际上，人类的总财富不只是经济财富，还包括社会财富和自然财富。严格地说，GDP只代表经济财富；GHDI（人类发展总福利）代表了社会财富，特别是在经过不平等调整之后的HDI也反映了社会公平的程度。② 事实上，人类财富还包括自然财富，这就需要构建一个自然财富账户来清晰地表达和衡量。因此，人类总财富是在发展过程中不断积累起来的经济财富、社会财富、自然财富的总和。

人类财富的积累不只是加法，也有减法，因为发展从来都不是免费的午餐，不同的发展模式会有不同的成本，因而就有不同的净收益。从净福利的角度看，人类净财富由如下公式来表示：

$$人类净财富 = (经济财富 - 经济成本) + (社会财富 - 社会成本) + (自然财富 - 自然损失)$$
$$= 人类总财富 - 总成本$$

这里总成本有三类：第一类是经济成本，是通常可以通过国民经济核算体系计算的显性成本；第二类是社会成本，包括社会不公平、社会冲突、贫困、腐败等难以计算的隐性成本；第三类是自然成本，包括生态破坏、环境污染、自然灾害损失、气候变

---

① 参见胡鞍钢：《中国崛起之路》，41页，北京，北京大学出版社，2007。
② 参见联合国开发计划署：《2010年人类发展报告》。

化影响等难以计算的隐性成本。因此,发展的目标函数,不仅是发展收益的最大化,也包括发展成本的最小化。人类财富的计算和衡量不仅要做加法,还要做减法,要扣除经济成本、社会成本和自然损失。

人类净财富的公式是十分简单的,但是实际衡量是十分困难的。这里,我们还是利用国民经济核算体系,澄清并区分三个不同的概念和重要指标:

一是名义 GDP。即联合国国民经济核算体系,它并没有考虑到社会成本、自然成本,从这个意义上看,它的确是名义的 GDP。为此 1992 年里约热内卢会议通过的《21 世纪议程》已经意识到名义 GDP 的局限性,要求各国要"扩大国民经济账户的现有体系,以便把环境和社会问题融汇到会计核算框架中"。

二是真实 GDP。这是根据世界银行绿色国民经济核算(Green National Accounts)体系计算的 GDP。[1] 它是指在扣除了自然资源(特别是不可再生资源)的枯竭以及环境污染损失之后的一个国家真实的储蓄率。计算真实储蓄率的公式如下:

真实 GDP＝名义 GDP－自然资产耗竭(能源耗竭＋森林耗竭＋矿产耗竭＋颗粒物排放损失＋二氧化碳排放损失)＋教育支出

世界银行提出的这一核算体系使得人们首次可以衡量真实储蓄率,同时还能衡量自然资产损失成本,即自然资产耗竭[2],同

---

[1] World Bank, 1997, *Expanding the Measure of Wealth: Indicators of Environmentally Sustainable Development*.

[2] 所谓自然资产耗竭包括:能源耗竭、矿产资源耗竭、净森林耗竭、颗粒物排放损害。自然资产耗竭是按开采和获得自然资源的租金来度量的,该租金是以世界价格计算的生产价格同总生产成本之间的差值,该成本包括固定资产的折旧和资本的回报。

时也考虑到人力资本（指教育支出）对自然资本的替代性。根据该公式计算的真实储蓄率总是不同程度地低于名义储蓄率，使人们首次看到"看不见"的自然损失在多大程度上抵消了传统意义上的经济财富，如果提高真实 GDP 就意味着降低自然资产损失或增加人力资本投资。

三是绿色 GDP。 这是作者基于绿色发展系统的理论以及对人类总财富的认识，对世界银行定义的真实 GDP 进行的重要补充[①]，提出了绿色 GDP 的衡量公式，增加了四项重要指标：

绿色 GDP＝名义 GDP－自然损失＋人力资本投资＋绿色投资＋外部自然资本输入

具体来讲，该公式可以表达为：

绿色 GDP＝名义 GDP－自然资产损失（能源耗竭＋森林耗竭＋矿产耗竭＋颗粒物排放损失＋二氧化碳排放损失）－自然灾害损失＋人力资本投资（教育支出＋卫生支出＋研发支出）＋绿色投资（生态建设投资＋环境保护投资＋节能减排投资）＋外部自然资本输入（净初级产品进口）

第一项是自然灾害损失。它反映了《国家综合防灾减灾规划（2011—2015）》中的核心指标，即每年平均因自然灾害直接经济损失占国内生产总值的比例控制在 1.5％ 以内。"十一五"时期这一比例达到了 1.6％。减少这一比例，在一定程度上反映了"减灾就意味着增加绿色 GDP"。

---

① 作者考虑到在对外开放条件下，可以利用国内国际两种资源，增加外部自然资本输入（指净初级产品进口）。（参见清华大学国情研究中心，胡鞍钢、王亚华执笔：《国情与发展》，北京，清华大学出版社，2005。）

第二项是人力资本指标。它反映了《国家中长期人才发展规划纲要（2010—2020）》中首次提出的人力资本指标，包括了三个指标，一是教育支出，二是卫生支出，三是研究与开发支出。《纲要》还明确提出人力资本投资占国内生产总值比例由2010年的10.75％提高至2020年的15％。这就构成了中国的总人力资本投入，在一定程度上还反映了全国的知识资本投入，有利于增加绿色财富。

第三项是绿色投资。这是指增加自然资本的投入。它包括了三个指标：一是对生态建设的投入，如对林业、治理水土流失、水利建设等方面的投入，这意味着增加了生态资本；二是对环境保护的投入[1]，这意味着减少了污染物排放；三是对节能减排的投入[2]，这意味着提高了能源效率，减少了温室气体排放。上述总物质资本投入，对自然资本具有替代性，因而就增加了全国自然资本流量和存量。

第四项是外部自然资本输入。基于绿色发展系统的开放性和中国资源短缺的现实，当增加初级产品净进口，就增加了从外部获得的自然资本，在对外开放条件下从以国内价格（国内市场均衡价格）利用本国资源到以国际价格（世界市场均衡价格）利用世界资源，也会大大提高本国的资源利用率，直接减少能源资源

---

[1] 李克强副总理在第七次全国环境保护大会上的讲话中指出，预计"十二五"期间，仅节能环保产业一项的产值就将达到十几万亿元，比"十一五"明显增加。新华网北京2011年12月20日电。

[2] 根据清科研究中心提供的数据，2010年，中国清洁能源投资增长30％，总量达511亿美元，成为迄今为止全球清洁能源投资数额最大的国家。（见 http://www.chinabidding.com.cn/zbw/zxzx/zxzx_show.jsp?record_id=7057118。）国家能源局在《战略性新兴产业规划》中提出：2011—2020年，我国新能源产业将累计增加投资5万亿元。（参见《中国经济导报》，节能减排周刊C1，2011-12-31。）

耗竭，相当于增加了本国的绿色 GDP。

由于对人力资本投资、对生态环境的物质资本投入都会对本国自然资本具有替代性，这反映了人类的绿色发展不但不会损耗大自然，还会反哺大自然，回报大自然，有益于大自然，体现了"天人合一"、"天人互益"。 在考虑到从世界市场输入外部资源条件下，新公式计算下的绿色 GDP 可能大于真实 GDP。从实践上看，这一公式弥补了世界银行没有考虑到人力资本投资、绿色投资和开放条件下的外部自然资本输入的缺陷。

从政策含义上来看，绿色 GDP 公式更具有实际意义：一是增加了自然灾害损失，使得自然损失包括了两部分，即自然资产耗竭和自然灾害损失，增加综合防灾减灾投入，可以明显减少自然灾害损失；二是增加人力资本投入，提高资源利用效率，改善生态环境，创新绿色发展技术；三是增加生态环境投入，直接增加本国自然资本；四是增加外部自然资本输入，促进不同初级产品国际贸易，不仅有利于增加本国稀缺自然资本，还有利于增加世界自然资本的利用效率。

事实上，绿色 GDP 公式不仅仅意味着几大资本的简单累加，而且蕴含着要素彼此之间的相互组合和相互替代的深刻逻辑。根据绿色发展系统理论，不难发现归属于经济系统、社会系统和自然系统的名义 GDP（物质资本）、人力资本、自然资本、外部自然资本输入（国际资本）几者之间具有较强的连通性，因此也就可能导致彼此替代和相互转换。这最终体现为不同要素之间的转换和重新组合，改变或产生新的基要生产函数。

绿色 GDP 的意义不仅在于我们可以计算以往"看不见"的自然损失（包括自然资产损失和自然灾害损失），而且还在于我们可以利用"看得见"的物质资本、人力资本投入来增加自然资本，使大自然从生态赤字转向生态盈余，这就是绿色发展道路。

六、绿色发展：从生态赤字到生态盈余

大自然是生命的摇篮，是人类赖以生存与发展的基础。大自然是一种特殊的资产，它为人类提供各种服务，包括提供生命支持系统，以维护人类生存与发展。人与自然关系的演变是一个极其漫长的历史过程，也是一个极其复杂的认识发展过程。

从经济发展阶段来看，通常采用人均收入和人均GDP划分为低收入阶段，下中等收入阶段，上中等收入阶段，高收入阶段；采用恩格尔系数划分为绝对贫困阶段，温饱阶段，小康阶段，富裕阶段，更富裕阶段。从人类发展阶段来看，通常采用人类发展指标（HDI）划分为低人类发展水平，中等人类发展水平，较高人类发展水平，高人类发展水平。但是，这些经济社会指标都不能全面地反映绿色发展阶段。依据绿色发展理论，我们大体可以将人类与自然的关系划分为四个时期（见图2—2）。

第一个时期：生态赤字缓慢扩大期。在原始文明和农业文明阶段，人类胼手胝足，辛勤劳作，以小农生产方式维系着自给自足的生活方式。这一时期，随着人口的增长，人类在维持经济系统和社会系统缓慢扩大的同时，也开始破坏自然系统。生态赤字主要表现为农业生态系统的长期退化。

第二个时期：生态赤字快速扩大期。在工业文明阶段，以大机器生产代替农户耕作和手工作坊，生产方式日新月异，生产关系与时俱进，极大地促进了生产力的发展，经济系统和社会系统急速膨胀，但同时批量生产、大量排污、过度消费的发展方式也引发了新的问题——生态危机，导致生态赤字迅速扩大，不仅表

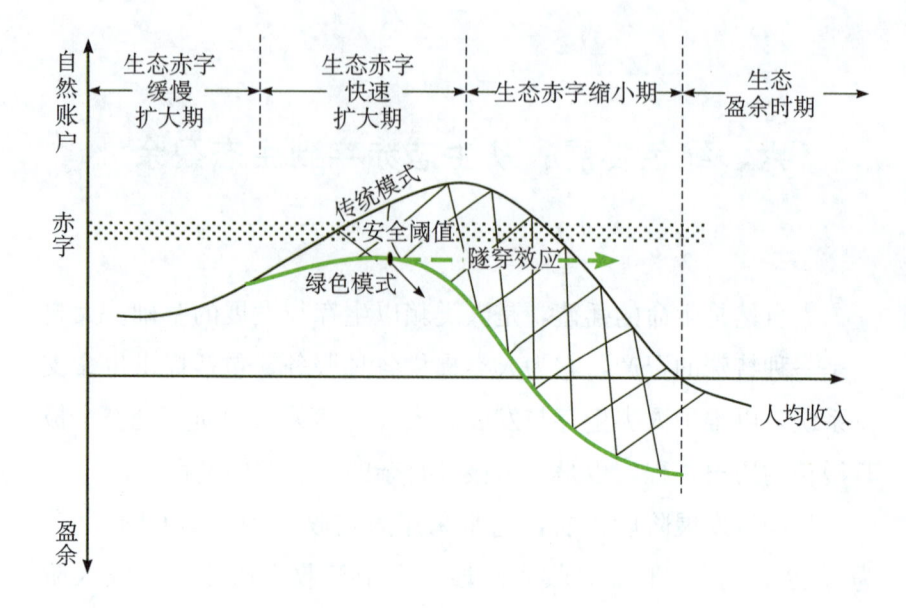

图 2—2　从生态赤字到生态盈余

现为生态系统的严重退化，而且还有环境污染的破坏。

第三个时期：生态赤字缩小期。在工业文明阶段后期，随着人类生态危机的日益深重，面对自然系统的挑战，人类不得不开始修正自己的发展方式，实施可持续发展，保护环境，节约资源，主动缩小人与自然的差距，逐渐减少生态赤字，开始摆脱"天人互害"的恶性循环。

第四个时期：生态盈余时期。在进入生态文明阶段之后，人类更加智慧地创新绿色发展道路，真正实现人与自然的共赢，主动促使人与自然差距趋于缓和，生态账户趋于平衡，实现"天人合一"，人与自然和谐相处的境界。最终人类主动反哺自然，生态账户出现盈余，达到"天人互益"，人与自然共生共荣的境界。

我们认为，人与自然之间的不同关系，不仅取决于人类发展时期、发展水平，也更加取决于发展模式、发展道路的选择。按照传统的发展模式，即黑色发展道路，人类要到工业文明晚期，在人均收入达到较高水平时,才会达到生态赤字的高峰。之后才会逐步修正自己的发展方式,主要依靠技术进步与生产方式的改变,使经济发展逐步与资源消耗、污染排放脱钩,从而进入生态赤字减小期。但是自然系统的承受度与容纳度是极为有限的,人类数千年的文明史,特别是二百多年的工业文明所累积的负荷已经让我们的大地母亲千疮百孔。如果按照传统的发展模式继续发展,则很有可能超过自然系统的安全阈值,给人类和整个世界带来无法想象的灾难。如何避免这一灾难,正是选择绿色发展道路所要解决的问题。

走绿色发展道路,必须充分发挥人类的主观能动性,通过政治意愿、制度安排、文化培育、国际合作等多种方式,在人类文明史上第一次改变传统单纯依靠物质积累和技术进步推动人类文明进步的路径,**从盲目发展变为自觉发展,从愚蠢发展变为智慧发展,推动人类跨越式进入新的生态文明阶段。这一发展路径实质上是通过人类发展模式的主动转变,实施绿色政策,发展绿色技术,开展绿色合作,以提前进入人类新的绿色文明阶段。**

客观地说,经济发展和人类发展都是一个历史发展过程,根据不同的指标可以划分为不同的发展阶段,使人们认识不同发展阶段的不同发展特点,但只是不完全性地反映了发展及发展阶段,只有将人与自然之间的关系嵌入其中,才形成了上述绿色发展的四个阶段。当然,进入高收入阶段或高人类发展阶段,有助于进入生态赤字缩小阶段或生态盈余阶段。作为发展中国家,可以选择不同的发展战略,会在相对低的经济发展和人类发展阶段上提前进入生态赤字缩小或生态盈余阶段。可以认为,中国实行绿色发展和创新,就能够实现这一目标。

七、绿色创新与隧穿效应

绿色发展道路是在相对比较低的人均收入条件下,尽早达到生态赤字最高峰,进而迅速减少生态赤字,实现隧穿黑色发展的库兹涅兹型曲线。绿色发展道路能够令赤字高峰显现更早,高峰的幅度相对更小,系统累积损失也相应更少。[①] 这样也就能够更早地缓和人与自然的关系,在安全阈值达到之前提前进入生态赤字减小时期,进而在相对低的收入水平下进入生态盈余时期(见图2—2)。

绿色隧穿效应要通过绿色创新来实现,绿色创新是根本因素,正是由于存在创新要素对自然要素的替代作用,经济发展才有可能与自然消耗脱钩,才有可能出现绿色隧穿效应。

绿色创新包括:第一是绿色观念创新,引入绿色发展理念,跳出传统工业化的"先污染,后治理"的发展思路,在工业化发展阶段,即人均收入较低情况下实现绿色发展。绿色理念有助于人们改变"先污染,后治理"的观念,有助于经济系统生产与消费自律性发展,有助于人类保护环境、保护生态的理念与意识的提升。绿色理念不仅是一项政治共识,并且应当是全社会的共识。第二是绿色技术创新,绿色技术的发展有助于提高经济系统的生产质量,有助于提升自然系统中的资源利用效率与环境治理

---

① 如图2—2所示,绿色发展曲线所包络的面积远小于黑色发展曲线包络的面积,阴影区即为二者之差,即黑色发展与绿色发展所导致的自然系统累计损失之差。

能力。绿色技术开发的动力在于人类智慧的提升和创新活动的开展，因此人力资本投资是绿色技术开发的重点。同时绿色技术的发展，仍然是在市场导向基础上的应用，但是政府的有力支持，有助于绿色技术的进一步发展。加快绿色技术工业革命进程，利用国内国外两种资源、两种因素，既要独立自主，又要积极引入国外先进技术，在新能源、新材料等方面取得实质性突破。第三是绿色市场创新，鼓励和推广绿色低碳生活方式和消费模式，即节约资源、减少污染、循环再生的消费模式，进一步完善中国社会主义市场经济体制，由政府来引导，以企业为主体，让消费者选择，由市场来驱动。未来中国将成为世界最大的绿色市场，成为绿色商品与绿色服务的最大生产国、消费国、出口国。第四是绿色制度创新。绿色政策和制度是实现绿色发展的核心方法。政策和制度能够有效影响发展的要素聚合。绿色制度安排即是能够正向激励绿色发展的要素聚合的基本方法。

八、绿色发展的内容和途径

什么是绿色发展的主要思路和重要途径呢？对此我本人一直在持续关注和探索。1989年中国科学院国情分析研究小组提出，中国的现代化道路只能独辟蹊径，必须根据中国国情，寻求一种新的发展模式，探索一条社会主义中国独特的生产力发展方式。当时我称之为"非传统的现代化发展模式"，其核心思想就是建构低度消耗资源的生产体系；适度消费的生活体系；使经济持续稳定增长、经济效益不断提高的经济体系；保障社会效益与社会公平的社会体系；不断创新，充分吸收新技术、新工艺、新方法的适用技术体系；促进与世界市场紧密联系的、更加开放的贸易与非贸易国际经济体系；合理开发利用资源，防止污染，保护生态平衡的生态体系。① 这是我们关于绿色发展的最早思想来源，但是当时还没有更加详细的绿色发展蓝图和路线图。

二十多年后，我又是如何思考和创新绿色发展之路的呢？这里我根据中国"十二五"规划的内容和说明②，来介绍"中国式"绿色发展的内容和途径：

大力发展绿色产业：发展林业等绿色产业，既能够创造就业，又能增加农民收入，还能够提高森林覆盖率，增加碳汇能力；重点培育和发展新能源、可再生资源、新能源汽车、新材料、节能环保等新兴战略性产业；加快淘汰高耗能、高污染、落后工艺的产品、企业、行业；加快发展现代服务业，特别是那些信息密集、知识密集、就业密集的服务业，形成以现代服务业为主导的低碳化、绿色化的现代产业体系新格局。

构建绿色生产体系：按照减量化、再利用、资源化原则，以提高资源产出效率为目标，推进生产、流通、消费各环节循环经济发展，构建覆盖全社会的资源循环利用体系。推行循环型生产方式，大力提高资源利用率，加快推行清洁生产，推广生态设计，提高资源综合利用水平；完善资源循环利用回收体系，如再生资源回收、再制造回收、生活垃圾回收、餐厨废弃物资源化利用和无害化处理，建立"城市矿产"示范基地，集中处理废旧金属、废弃电器和电子产品、废纸、废塑料等资源再生利用、规模利用和高值利用；鼓励企业和产业园区发展循环经济模式；依法

---

① 参见中国科学院国情分析研究小组，胡鞍钢、王毅执笔：《生存与发展》，北京，科学出版社，1989。

② 详见张平主编：《〈中华人民共和国国民经济和社会发展第十二个五年规划纲要〉辅导读本》，北京，人民出版社，2011。

淘汰高耗能、高耗材、高污染工艺技术和生产能力，严格限制几大高耗能产业（钢铁业、建材和非金属矿业、化工和石化业等)[①]发展；持续降低单位GDP的能源消耗、单位工业增加值水资源消耗，控制能源消费总量、取水资源总量、地下水取水总量。

发展绿色技术和标准：创新和开发绿色技术、低碳技术[②]，推行绿色标准技术创新，鼓励引进和使用世界目前所有绿色技术，通过原始创新、引进吸收再创新、集成创新来发展各类绿色技术，包括农业技术、工业技术、建筑技术、节水技术、保护生态环境技术等。制定并强制性执行各类绿色、低碳、节能、减排、环保技术标准和标识制度。建立和完善能源生产消费、温室气体排放统计核算制度。

积极倡导绿色消费：政府、公共机构带头节能减排，实现绿色采购；推广绿色食品、绿色药品、高效节能智能型家电和家居产品、节能环保型汽车、高效照明产品、节能省地型住宅、绿色建筑[③]，创建绿色企业、绿色学校、绿色社区，建设绿色城市、绿色农村；优先发展城市公共交通体系，开发和普及混合驱动、代用燃料、电动汽车，发展全国或区域智能交通运输系统。

鼓励绿色投资和信贷：绿色投资就是专用于生态建设、环境

---

① 高耗能产业是指能源消费占工业总消费比重是其工业产出占工业总产出比重1.5倍以上的产业。例如，根据国际能源署的数据，2005年中国钢铁业、建材和非金属矿业、化工和石化业三大行业工业增加值只占工业增加值的1/5，但是能源消费占工业能源总消费的2/3。

② 低碳技术指以能源及资源的清洁与高效利用为基础，以减少或消除二氧化碳排放为基本特征的技术，主要包括新能源技术、节能技术、减碳技术以及碳捕获和封存技术等。广义上也包括以减少或消除其他温室气体排放为特征的技术。

③ 绿色建筑是指在建筑的全生命周期内，最大限度地节约能源、资源，推广使用可再生能源，保护环境和减少污染，为人们提供舒适、健康、适用和高效的使用空间，是人与大自然和谐共生的建筑。

保护、节能减排、防灾减灾等方面的投资，并建立相应的统计口径和账户；通过减免税收、财政贴息等激励政策，鼓励非政府机构投资用于上述领域；充分发挥"绿色金融"作用，积极推行"赤道原则"①，引导资金流向节约资源技术开发和生态环境保护产业，引导企业生产注重绿色环保，引导消费者形成绿色消费理念。

发展绿色能源：不断提高使用优质、可再生能源比例；大幅度减少使用高碳能源比例，限制煤炭消费总量；强制性清洁利用煤炭，燃煤机组强制性脱硫、脱硝，不断降低煤炭消费比例，不断降低煤炭碳硫排放强度；强制性规定高能耗工业平均每五年单位产品产量能耗降低指标，作为行业降低能耗的行业标准和市场准入门槛。

建设绿色生态体系：进行生态建设，包括天然林保护、退耕还林、退牧还林、风沙源治理、水土流失治理、湿地保护、荒漠化治理等等，有效遏制生态环境恶化趋势，增加自然资本。

实行绿色改革和政策：建立健全污染者付费制度，提高排污费征收率和垃圾处理费标准；设计和实行绿色财税改革，提高资源税税负，开征环境保护税、污染税、碳税；继续实行绿色价格改革，推进水价、电价改革，实行居民用水、用电阶梯价格制度，完善不同时段电价制度，促进用户削峰填谷，成品油价格进一步市场化；完善有利于节约资源、保护环境的政策体系、评价体系、法律体系、补偿机制；引入市场机制，建立健全矿业权、排污权有偿使用和交易制度，建立碳排放交易市场。

---

① "赤道原则"是指：要求金融机构在向一个项目投资时，对该项目可能对环境和社会的影响进行综合评估，并且利用金融杠杆促进该项目在环境保护以及周围社会和谐发展方面发挥积极作用。

率先实行绿色贸易：开展和推动绿色贸易，积极扩大初级产品进口，增加本国自然资本；充分利用世界节能环保新技术，大力发展符合国际环保标准的产品出口，严防污染物转移；主动进行国际合作，遵守国际环境公约，推动改善全球环境。

开展绿色国际合作：积极参与和主动推动全球能源与气候治理，促进绿色国际合作。这包括：积极参加全球能源治理，加强能源战略、能源安全等机制的对话，参与各种国际规则的制定；在坚持"共同但有区别的责任"原则下，在全球带头遵守国际公约，履行可测量、可报告、可核查的减排行动，增加更多的信息透明度，积极参与全球气候变化国际机制，如联合国清洁发展机制（CDM）项目[①]，既要争取发展空间、维护国家利益，又要带头主动减排、维护国际形象；支持和帮助发展中国家减排，如向联合国全球环境基金提供资助，对那些脆弱国家（指非洲国家、最不发达国家、小岛屿和其他受到不利影响的国家）提供官方援助，帮助它们提高适应气候变化的能力；鼓励中国企业走出去，到海外发展低碳经济。

总之，绿色发展是一个全新的发展道路，既没有现成的发展模式，也没有成熟的发展经验，这就需要中国自主创新、大胆创新、科学创新。这将从根本上改变人与自然的关系：如果说黑色发展是经济发展与环境保护的零和，那么绿色发展是经济发展与环境保护的双赢；如果说黑色发展是人类发展与自然界的零和，那么绿色发展是人类发展与自然界的双赢。中国是一个人口巨

---

① 到 2010 年年底，中国政府已经批准了 2 846 个 CDM 项目，其中已经有 1 186 个项目在联合国清洁发展机制执行理事会成功注册，占全球项目总量的 42.7%，已经注册项目核证的减排量年签发量约 2.7 吨，占全球总量的 62.4%。（参见张平主编：《〈中华人民共和国国民经济和社会发展第十二个五年规划纲要〉辅导读本》，221 页，北京，人民出版社，2011。）

国，地区发展极不平衡，至少需要三类创新：一是国家创新，特别是制定国家发展规划，确定国家绿色发展战略，设计全国绿色发展蓝图，指导全国绿色发展创新；二是地方创新，根据本地条件创新不同的绿色发展模式，实现当地经济、社会和自然系统的三大目标；三是企业创新，根据国内外市场竞争创新绿色技术，发展绿色产品，开拓绿色市场。本书第五章、第六章和第七章将详细介绍和深入讨论。

第三章
全球生态环境危机

人类创造文明的可能性，应该归功于人类对于特别困难情势下的挑战而作出的应战，这些困难极大地刺激了他们必须付出前所未有的努力。①

——汤因比

当今的生态环境问题，是与整个世界的经济社会活动密切相连的，它将不断地演化为 21 世纪人类生存与发展的一个中心问题。中国不仅受全球环境变化的严重影响，反过来也将对世界环境产生巨大影响。②

——胡鞍钢（1989）

---

① ［英］阿诺德·汤因比：《历史研究》，上卷，567 页，上海，上海世纪出版集团，2010。

② 作者与王毅、牛文元代表中国科学院生态环境研究中心预警小组所作《生态赤字：未来时期中华民族生存的最大危机——中国生态环境状况分析》（1989 年 8 月），见中国科学报社编：《国情与决策》，186 页，北京，北京出版社，1990。

第三章　全球生态环境危机

"那是最好的时代,那是最差的时代,那是令人绝望的冬天,那是充满希望的春天。"① 狄更斯的这句名言,是对于当前人类所面临处境的最好写照。人类面临的挑战前所未有,全球能源危机、全球环境危机、全球生态危机、全球气候变化,使得人类置身于空前的挑战之中,这类威胁丝毫不亚于爆发核战争的威胁,如果不能有效应对,不但人类的大量经济财富将灰飞烟灭,众多人口将重新陷入贫困,而且人类的文明也可能因此倒退。

与此同时,人类面临的困难"极大地刺激了他们必须付出前所未有的努力"②,巨大的危机下正孕育着前所未有的勃勃生机,那就是创造崭新绿色文明的生机,还是发动绿色工业革命的生机。绿色工业革命本质上是改变基要生产函数或生产要素组合方式,让传统经济"变绿",让新的绿色经济成为主导,让经济增长与碳排放"脱钩",通过技术进步和绿色创新,促使绿色能源、绿色工业制品、绿色消费等"绿色经济"发展,转变三次工业革命以来的黑色发展模式,从根本上改变人与自然之间不协调的关系。在绿色工业革命浪潮引领下的绿色经济,已成为世界各国的必然选择。

本章将回答以下问题:为什么我们需要重新审视 18 世纪中叶以来二百多年的工业革命?它是如何在创造人类物质财富的同时又消耗了大量的资源、排放了大量的污染物、积累了大量的温室气体的?如何计算那些看不见的巨大自然损失和发展代价?我们如何反思工业文明过度消费、过度消耗、过度排放的特征?如何认识全球性生态危机?如何认识已经发生的全球绿色发展契

---

① [英] 查尔斯·狄更斯:《双城记》,3 页,北京,中央编译出版社,2010。
② [英] 阿诺德·汤因比:《历史研究》,上卷,567 页,上海,上海世纪出版集团,2010。

机？以什么样的姿态应对全球性生态危机挑战，发动和开拓第四次绿色工业革命？中国如何成为这场革命的发动者、创新者和引领者？

本章以"挑战"与"应战"为分析框架，因为人类常常是滞后性地识别挑战，被动性地响应挑战，但也会智慧性地将危机转化为契机，将挑战转化为机遇。本章首先回顾和反省了两个多世纪以来黑色工业文明的发展模式。接着，分别分析了全球所面临的前所未有的环境污染危机、资源能源危机、极端异常气候变化危机和生态危机。然后，还特别指出了进入21世纪，在国际金融危机的诱发下，在全球生态危机背景的压力下，世界正开启一场前所未有的绿色工业革命，绿色经济迅速兴起，产业结构更加"绿化"，绿色能源高速发展，绿色科技创新加速，国际范围内的绿色贸易迅速扩大。这表明，人类迎来了绿色生态文明的黎明期，绿色工业革命的发动期，无论是中国还是其他南方国家，第一次与北方国家同步发动了这场工业革命，都在抢占未来绿色经济、绿色能源、绿色科技的制高点。中国作为世界上最大的发展中国家、最大的碳排放国以及最大的生态危机受害国，将充分利用这一契机，在绿色工业革命中占据主导地位，鼓励绿色创新，让经济发展全方位"变绿"。这就是中国绿色发展的国际背景和国际机遇。

一、黑色工业文明的发展模式

人类从狩猎文明到农耕文明的进步，体现为对自然资源由简单的"索取"到有意识地"改造"，通过认识动植物的生长规律，逐渐培育各种农作物和家畜,并在此基础上创造出丰富多彩的物质和精神财富,形成世界各地异彩纷呈的人类文明。在这一过程中,随着人类知识的增长,基要生产函数已经在发生变化。然而千百年来,农耕文明始终受制于自然条件的限制,从全球范围来看,许多古文明的消失,都与自然条件的变化息息相关。

工业革命发生后,人类从农业文明迈向工业文明时代,这是历史上一个了不起的巨大进步,源自资本主义发展模式对生产力的极大解放,优越于前资本主义发展方式。但是"成也萧何,败也萧何",资本主义发展模式所带来的巨大代价,常常是"看不见"的,即使"看得见",也是二百多年之后的"事后诸葛亮"。

(一)看不见的巨大自然损失、发展代价

以西方工业文明为主导的发展模式,已经对世界自然环境和自然生态带来前所未有的严重破坏,对大自然的开发和"掠夺"也越来越肆意。根据世界银行提供的数据,世界自然资产净损耗值增长指数从1970年以后迅速上升,以不变价计算,以1970年为1,到2000年,就达到了5.35,而后上升更加明显,到2008年达到了12.9,后因国际金融危机引发的全球经济衰退而有明显下降。自然资产损失上升的幅度远超过总国民收入(GNI)(见图3—1)。这反映了过去四十多年全球经济系统和自然系统之间的矛盾日益凸显,也反映了人与自然之间的差距越拉越大,自然资产损失的速度大大超过了经济增长的速度。从本质上说,这是一种以"掠夺"自然资产、损失自然资本为核心的发展模式,也是不可持续的发展模式。

从全球角度看,在扣除了自然损失之后的真实储蓄率是呈下降趋势的,从1970年的17%下降至2008年的7%,减少了10个百分点,而碳排放量翻了一番(见图3—2)。这反映了人类创造的总国民收入(GNI)在不断增加,但却是以大量的自然资产损

失为代价的，由此大大抵消了人类创造经济财富的成就，正如联合国计划开发署报告所言，世界变得越来越不可持续。[①]

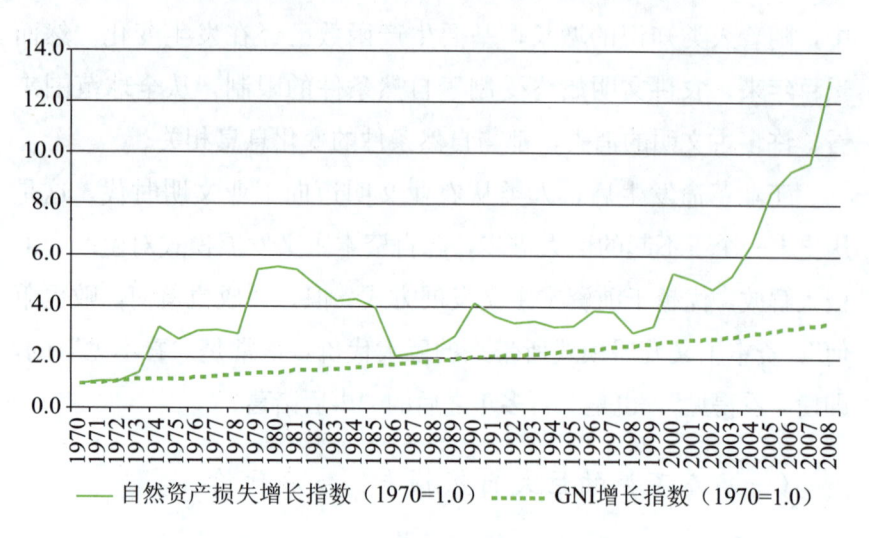

图 3—1 世界 GNI 与自然资产净损耗值增长指数变化（1970—2008）

注：用于计算增长系数的数据采用 2000 年美元不变价。

计算数据来源：世界银行数据库，http：//databank.worldbank.org。

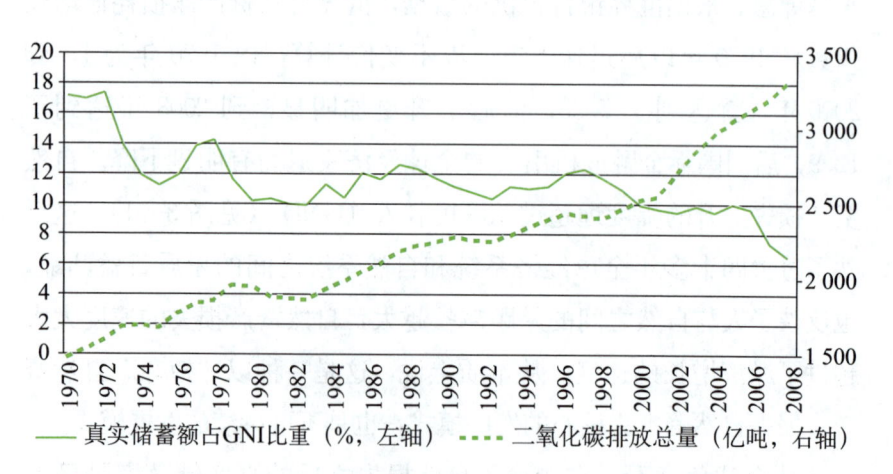

图 3—2 世界真实储蓄额占 GNI 比重与碳排放总量（1970—2008）

计算数据来源：世界银行数据库，http：//databank.worldbank.org。

---

① 参见联合国开发计划署：《2010 年人类发展报告》。

从全球分布来看，从 1970 年以来，北方国家自然资产损耗占世界总量比重呈下降趋势，而南方国家的比重呈明显上升趋势（见表 3—1）。这也反映了南方国家自然资产损失增长幅度和规模都比较大，这是因为南方国家正经历迅速的工业化、城镇化，相反，北方国家已经进入后工业化时代，形成以服务业为主导的产业结构体系。经济全球化比以往更加快速、更大范围地在世界形成了从北方国家到南方国家的生产转移、制造业转移、出口转移，以及由此形成的资源消耗转移、污染排放转移和自然资产损失转移，反映了北方国家与南方国家之间在收益与成本等方面严重的不平等、不公正、不公平。其中，中国也是全球性"大转移"的受害者，**其自然资产净损耗占世界比重持续上升，2005 年超过了欧盟，2008 年超过了美国，2009 年又超过了俄罗斯，居世界首位。**

表 3—1 南北方国家自然资产净损耗占世界总量比重（1970—2009）

(%)

	1970	1980	1990	2000	2005	2008	2009
北方国家	60.4	39.2	25.7	29.6	26.2	24.0	22.1
欧盟	11.4	7.2	8.3	9.4	6.9	5.5	5.9
美国	37.7	25.4	12.1	12.1	10.9	10.7	8.7
日本	3.6	0.6	1.0	0.9	0.5	0.3	0.6
南方国家	39.6	60.8	74.3	70.4	73.8	76.0	77.9
中国	6.8	6.7	6.7	5.7	7.9	11.4	12.7
印度	3.8	1.5	2.5	2.4	2.4	3.1	4.1
俄罗斯	—	—	13.4	9.8	12.4	11.9	11.0
巴西	0.9	0.6	1.0	1.5	2.1	2.5	3.1

注：北方国家指国际货币基金组织 2010 年定义的发达经济体，包括 34 个国家和地区，南方国家指北方国家以外的其他国家；自然资源净损耗值 = 二氧化碳损害 + 矿产资源损耗 + 能源损耗 + 森林资源净损耗 + 颗粒物排放损害。

计算数据来源：世界银行数据库，http://data.worldbank.org.cn/indicator/all。

(二) 过度消费、过度消耗、过度排放特征

从历史上看，北方国家的发展模式是以三个"过度"为特征的，即生活过度消费、资源过度消耗、污染过度排放，这是造成全球气候变化的真正根源。在工业革命过了二百多年之后，大量积累的二氧化碳排放，成为全球气候变化的根源。从1750年第一次工业革命开始到1800年期间，全球累积排放的二氧化碳绝大多数来自北方国家。更准确地说，绝大多数来自欧洲国家。根据美国能源部数据库提供的数据，1800—1900年期间，北方国家向大气中排放的二氧化碳累积值占全球总和的90%以上，其中欧洲国家占70%，美国占23.6%。1900—2000年期间，北方国家向大气中排放的二氧化碳累积值占全球总和的50%~90%，美国是世界上最大的排放国，直到1960年以后才有所下降，到2000年仍然占28.8%；欧盟国家这一数值占世界的比重在这一百年间从70%下降至20%（见表3—2）。显然，北方国家是全球二氧化碳排放的最大来源，理应承担减少二氧化碳排放的最大责任，这也决定了北方国家必须根本改变发展模式，从高排放转向低排放，从高碳转向低碳。

第二次世界大战以后，也即第三次工业革命之后，南方国家在二氧化碳排放方面迅速增长，累计排放量占世界总量的比重从1950年的28.3%上升至2000年的43.3%，2010年又进一步达到46.7%（见表3—2），在不久的将来，有可能会超过北方国家。其中，中国累计碳排放量占世界总量的比重不断提高，从1950年的0.8%到1980年的3.7%，超过了日本；到2000年，达到了7.0%，相当于日本的1.9倍；**2010年，上升至9.8%，已经居世界第二位，排在美国之后，反映了过去十年中国每年碳排放量迅速增长，并超过美国，成为世界第一大碳排放国，已经对全球温室气体排放产生重大影响。**

表3—2　南北方国家累积二氧化碳排放量占世界总量的比重（1800—2010）

(%)

	1800	1900	1950	1960	1970	1980	1990	2000	2010
北方国家	98.0	91.5	71.7	68.0	63.7	59.7	55.6	56.7	53.3
美国	0.0	23.6	39.8	38.6	36.3	33.4	30.7	28.8	25.0
欧盟	98.0	70.0	31.7	28.4	25.6	23.1	20.9	22.6	20.4
日本	0.0	0.0	0.0	0.6	1.5	2.6	3.2	3.7	3.4
南方国家	2.0	8.5	28.3	32.0	36.3	40.3	44.4	43.3	46.7
中国	0.0	0.0	0.8	1.7	2.4	3.7	5.2	7.0	9.8
巴西	0.0	0.0	0.2	0.2	0.5	0.5	0.6	0.7	0.8
印度	0.0	0.3	1.0	1.0	1.1	1.3	1.6	2.1	2.8
俄罗斯	—	—	—	—	—	—	—	1.4	2.2

注：南方国家、北方国家的定义同表3—1。二氧化碳排放量是化石燃料燃烧和水泥生产过程中产生的排放。它们包括在消费固态、液态和气态燃料以及天然气燃烧时产生的二氧化碳。

最后一行2000年与2010年未累加前苏联时期的数据。

计算数据来源：根据CDIAC（Carbon Dioxide Information Analysis Center），2011-01-18。

从1800年以来，北方国家人均累积二氧化碳排放量水平一直大大高于世界人均水平，这是以北方国家人均能源或资源消耗量大大高于世界人均水平为前提条件的。

从1950年以来，南方国家人均累积二氧化碳排放量相当于世界人均水平的比例在不断上升，已经从1950年的37%上升至2010年的55%（见表3—3），这也是以南方国家人均能源或资源消耗量低于世界人均水平为前提条件的。

由此可知，无论是北方国家还是南方国家，尽管它们处在不同的发展阶段，具有不同的发展水平和资源消耗水平，但都必须转变发展模式。这对北方国家是个巨大的挑战，从高消费、高消耗、高排放转向合理消费、低消耗、低排放，不仅沉没成本[①]

---

① 指已经付出且不可收回的成本，常与可变成本作比较。可变成本可以被改变，而沉没成本则不能被改变。

高，利益刚性，路径锁定，而且富而不思改革，更不愿意降低过度的高消费；而对南方国家则是一个巨大的机遇，有可能以蛙跳形式或隧穿效应直接进入合理消费、低消耗、低排放。从这个意义来看，作为世界上人口最多的、也是最大的发展中国家，中国必须独辟蹊径，在南方国家中创新绿色发展道路。

表 3—3 南北国家人均累积排放量与世界平均水平之比（1800—2010）

单位：世界水平＝1.00

	1800	1900	1950	1960	1970	1980	1990	2000	2010
北方国家	5.08	3.64	2.96	2.99	3.04	3.15	3.27	3.59	3.59
美国	0.03	4.84	6.61	6.51	6.53	6.52	6.46	6.20	5.51
欧盟	11.97	4.86	2.55	2.49	2.51	2.58	2.70	3.24	3.17
日本	—	—	0.01	0.18	0.52	1.00	1.38	1.77	1.84
南方国家	0.03	0.11	0.37	0.41	0.46	0.50	0.53	0.51	0.55
中国	—	0.00	0.04	0.08	0.11	0.17	0.24	0.34	0.50
巴西	—	—	0.07	0.10	0.12	0.17	0.21	0.25	0.28
印度	—	0.02	0.07	0.07	0.08	0.08	0.10	0.13	0.16
俄罗斯	—	—	—	—	—	—	—	0.58	1.09

注：南方国家、北方国家的定义同表 3—1。最后一行 2000 年与 2010 年只累加俄罗斯数。

计算数据来源：二氧化碳排放量数据引自 CDIAC（Carbon Dioxide Information Analysis Center），2011‑01‑18；总人口数引自 Angus Maddison，Historical Statistics for the World Economy：1‑2008AD。

（三）过高生态足迹，巨大自然资源租金

人类作为大自然之子，"赤条条来，赤条条去"，每个人从出生那天起，就被赋予了平等的、不可剥夺的享用一份大自然资源的权利。如果我们要在人类之间结清碳排放的历史欠账的话，那么北方国家要为其多消耗的 2.7 倍碳足迹提供转移支付，其中美国要为其多消耗的 4.6 倍碳足迹提供转移支付，而包括南方国家在内的中国则应获得相应的补偿。这还不包括其他的自然资源、

生态资源，以及其他污染物排放形成的生态足迹。

从南北方国家的自然资源租金占GDP的比重看，自1970年以来，北方国家的自然资源租金占GDP比重远远低于南方国家，这说明北方国家的产业结构相对优化，对本国的自然资源使用较少。而南方国家在20世纪七八十年代，自然资源租金占GDP比重提升极快，虽然之后出现一定程度的下降，但到2000年以后，又开始迅速回升，直到2009年才在全球金融危机的影响下出现下降（见表3—4）。

表3—4 世界及南北国家自然资源租金总额占GDP比例（1970—2009）

(%)

	1970	1980	1990	2000	2005	2008	2009
北方国家	1.0	3.6	1.1	1.1	1.7	2.5	1.3
欧盟	0.3	1.4	0.6	0.7	0.8	0.9	0.5
美国	1.3	5.8	1.3	1.0	1.5	2.2	0.9
日本	0.26	0.16	0.04	0.02	0.04	0.05	0.03
南方国家	3.8	21.4	11.3	10.2	15.4	17.7	9.6
中国	2.5	19.4	8.2	3.3	3.8	3.8	2.0
印度	2.1	4.0	3.6	3.2	3.8	5.8	4.0
俄罗斯	—	—	19.3	45.3	39.1	31.0	20.7
巴西	2.7	3.3	2.5	3.2	6.0	7.2	5.0
世界合计	1.6	7.6	2.8	2.8	4.6	6.9	3.7

注：南方国家、北方国家的定义同表3—1。自然资源租金总额是石油租金、天然气租金、煤炭（硬煤和软煤）租金、矿产租金和森林租金之和。其中石油租金是按照国际价格计算的原油生产价值与生产总成本之间的差别，天然气租金是按照国际价格计算的天然气生产价值与生产总成本之间的差别，矿产租金是按照国际价格计算的矿产存量的生产价值与其生产总成本之间的差别，煤炭租金是按国际价格计算的硬煤和软煤的生产价值与其生产总成本之间的差别，森林租金是圆木砍伐量乘以产品均价和区域特定租金率。

计算数据来源：世界银行数据库，http://data.worldbank.org.cn/indicator/all。

这也表明，占世界1/7人口的北方国家出现长期繁荣是以对全球自然资源的过度消费、过度排放、过度消耗为代价的，而它之所以出现和得以维持，是以占世界 6/7 人口的南方国家长期处于较低收入水平，以占世界 6/7 人口的南方国家的少消费、少消耗、少排放为前提的。北方国家作为破坏自然的罪魁祸首，应该主动承担责任，率先示范，降低消费、减少消耗、削减排放；南方国家作为破坏自然的后发国家，同样应该自律发展，自我约束，不能重蹈北方国家的覆辙，"同一地球、同一命运、同一行动"，南北国家应共同闯出一条绿色发展的新路，为人类的未来开创一个光明的新前景。

二、全球前所未有的危机

二百多年来的黑色工业文明的后果是，全球出现了严重的生态环境危机，人类未来的发展面临前所未有的严峻挑战。生态环境是全球性的公共产品，当前全球的可持续发展已经受到了极大的挑战，气候变暖和水资源的短缺、污染问题日趋严峻，严重威胁着全人类的生存。全球已经陷入了环境污染危机、能源资源危机、极端异常气候变化以及全球生态危机等多重困境。

（一）全球环境污染危机

根据世界银行 2001 年的报告[1]，世界许多国家为了追求短期的经济增长，过度砍伐森林、捕捞鱼类和开采矿产，污染空气和水，认为这样可以提高国民的福利水平，然而却造成了大量自然

---

[1] （世界银行）托马斯等：《增长的质量》，北京，中国财政经济出版社，2001。

资本被破坏，引发了全球范围的生态与环境问题。

最近的一项估算显示，因巨大的环境危害引起的早亡和疾病，大约占发展中国家疾病总负担的 1/5。主要的环境危害包括洁净水缺乏、卫生设施不足、室内空气污染、城市空气污染、疟疾、农业化学物质和废物等，14% 的疾病总负担由洁净水缺乏、卫生设施不足和室内空气污染造成，它们主要影响贫困家庭的儿童和妇女。

因工业、汽车排放和家庭化石燃料燃烧引起的空气污染造成的死亡人口每年超过 270 万，主要死于呼吸道疾病、心肺病和癌症。在这些早亡的人中，220 万人是燃烧传统燃料而遭受室内空气污染的农村穷人。空气污染还因为损失生产性劳动时间而降低了经济产出。与不清洁饮用水、水污染相联系的健康损失也很大，许多儿童死于不清洁水引发的疾病。和空气污染一样，穷人是水污染最大的受害者。

（二）全球能源资源危机

由于全球能源需求持续高涨，传统化石能源的供求关系将长期保持紧张局面，新兴国家对矿产资源的需求逐步增大，世界各国对资源的争夺加剧，原油、煤炭等主要资源价格总体保持上涨趋势。根据国际能源署的预测，平均原油进口价格指数在 2020 年将达到每桶 100 美元，2030 年达到每桶 115 美元，在此基础上计算的国际市场原油名义价格在 2030 年将可能上涨到每桶 198 美元。[1]

从人类整体的发展角度而言，人类已经利用了地球上人类可使用潜在光合作用的 50%；人类的消费水平现在已经是整个地球

---

[1] International Energy Agency, *World Energy Outlook 2009*, 2011, p. 64.

所能承受的 3 倍之多，这种经济增长显然不可能继续维持。人类最大的发展障碍不仅存在于矿产资源方面，而且主要是存在于生态方面，生态方面的限制现在已经达到一个很高的程度。整个生态系统几乎崩溃，并且这是在经济增长 6 倍发生之前（至 2050 年）出现的，这将会是我们面临的最重要的经济问题。这是整个地球的危机，不仅仅是生态危机，而且还将带来严重的社会与政治危机。

（三）极端异常气候变化

在人类面临的诸多环境问题中，气候变化正在成为最为突出与重要的方面。目前全球大气层中二氧化碳当量的浓度已经达到 380PPM，超过以往 65 万年的自然范围。工业时代以来，全球平均气温已经上升了 0.7℃左右，而随着时间的推移，这一趋势正在加剧，全球平均温度正在以每 10 年 0.2℃的速度增长。根据联合国预测，如果不改变旧的发展模式，在 21 世纪全球平均气温可能升高 5℃以上，相当于冰河时代以来的温度变化。[1] 大多数气候科学家认为，需要将全球气温升高控制在 2℃之内[2]，超过这一临界值将带来灾难性后果，包括海洋变暖、雨林减少、冰盖融化等等，并将导致生物多样性受损，对生态系统带来不可逆的破坏。从目前的趋势来看，人类所排放的温室气体正在逼近这一限度。

人类若沿着 1750 年工业革命以来的发展轨迹延续下去，世界的碳排放将持续增长，并造成全球气候进一步变暖，从而给全

---

[1] 参见联合国开发计划署：《应对气候变化：分化世界中的人类团结》(2007/2008 年人类发展报告)，2 页，见 http：//hdr.undp.org。

[2] 包括 ISSC 2005；European Union 2007b；den Elzen and Meinshausen 2005；Schellnhuber 2006；Government of France 2006。

人类带来灾难性的后果。全球气候变化的加剧将导致人类发展的倒退，可能导致旱涝灾害频率上升、低海拔的滨海地区被淹没、传染病爆发更加频繁、森林加速消失。气候变化也将由于降低发展中国家的农业产出而威胁全球食物安全，并且对人类的健康和安全构成危害（见表3—5）。全球经济因气候变暖而付出的代价可能每年要高达5 500亿美元，发展中国家很可能要承担不平等比例的负担。

表3—5　　　　气候变化导致人类发展倒退的五大影响

影响	作用机制	对人类发展造成的后果
农业生产力下降	干旱和降雨情况的变化将使主要粮食作物的产量大大下降	预计到2060年，撒哈拉以南非洲旱地的收入将损失25%，收入损失总共达260亿美元；到21世纪80年代，相对于不受气候影响的情况而言，严重营养不良人口将增加6亿。①
用水加剧	冰山融化导致各大河系水流减少	到2080年，气候变化将导致全球缺水人口增加18亿。②
沿海洪灾和极端天气日益频繁	热带气旋加剧，旱涝灾害增加	海平面的上升和热带风暴加剧将使遭受沿海洪灾的人数增加1.8亿～2.3亿。③

---

①② Warren, Rachel, Nigel Arnell, Robert Nicholls, Peter Levy and Jeff Price, 2006, "Understanding the Regional Impacts of Climate Change. Research Report Prepared for the Stern Review on the Economics of Climate Change", *Research Working Paper No. 90*, Tyndall Centre for Climate Change, Norwich.

③ Anthoff, David, Robert J. Nichols, Richard S. J. Tol and Athanasios T. Vafeidis, 2006, "Global and Regional Exposure to Large Rises in Sea-level: A Sensitivity Analysis", *Working Paper No. 96*, Tyndall Centre for Climate Change Research, University of East Anglia, Norwich.

续前表

影响	作用机制	对人类发展造成的后果
生态系统瓦解	海洋温度上升导致珊瑚礁生态系统破坏，进而影响整个海洋生态系统	如果全球气温上升超过了2℃的临界值，所有物种灭绝速率都将提高，当温度上升达到3℃时，20%～30%的物种将处于灭绝的"高危"险境。① 生物多样性和生态系统服务功能大规模破坏。
健康风险加大	传染性疾病爆发的风险增加	全球感染疟疾人口将增加2.2亿～4亿。撒哈拉以南非洲的风险率将提高16%～28%，该地区死亡数占总死亡人数的90%左右。②

需要强调的是，发达国家与发展中国家面对气候变化的责任和脆弱性是成反比的：相对发达国家而言，发展中国家更易受到气候变化影响。目前，许多发展中国家和数以百万计的最贫困者已不得不面对气候变化带来的严重冲击。从2000年到2004年，每年大约有2.62亿人遭受气候灾难影响，其中发展中国家占世界受灾人口的98%以上。在经济发展与合作组织（OECD）国家中，人们遭受气候灾难影响的可能性是1∶1 500；而发展中国家的可比数字是1∶19。也就是说，发展中国家遭受气候灾害的风险是发达国家的79倍。③

---

①② IPCC (Intergovernmental Panel on Climate Change), 2007, "Climate Change 2007: Climate Change Impacts, Adaptation and Vulnerability", *Working Group II Contribution to the Fourth Assessment Report of the Intergovernmental Panel on Climate Change*. (S. Solomon, D. Qin, M. Manning, Z. Chen, M. Marquis, K. B. Averyt, M. Tignor and H. L. Miller, eds.), Cambridge University Press, Cambridge and New York.

③ 参见联合国开发计划署：《应对气候变化：分化世界中的人类团结》(2007/2008年人类发展报告)，8页，见 http://hdr.undp.org 。

（四）全球生态危机[①]

联合国发布的千年生态系统评估报告显示：人类活动已经使得地球上的生物多样性发生不可逆转的迅速改变，由于森林面积的减少、大量土地转化为耕地、水库储水量迅速增加等人类活动，使得生态系统发生了剧烈改变。在气候变化的影响下，已有约20%的珊瑚礁被破坏，另有20%出现退化。

气候变化、外来物种侵入、物种过度利用和环境污染等带来生物多样性的丧失。在过去几百年中，人类造成的物种灭绝速度比地球历史上典型的参照速度增长了1 000倍。目前，约12%的鸟类、23%的哺乳动物和25%的针叶树有灭绝的危险（见表3—6）。

表3—6　　　　五大国濒危生物种类及占世界比重

地区	濒危植物物种	濒危鱼类物种	濒危哺乳类物种	濒危鸟类物种
种数				
全球	8 457	1 275	1 141	1 222
美国	244	164	37	74
中国	446	70	74	85
俄罗斯	7	32	33	51
巴西	382	64	82	122
印度	246	40	96	76
比重（%）				
美国	2.9	12.9	3.2	6.1
中国	5.3	5.5	6.5	7.0
俄罗斯	0.1	2.5	2.9	4.2
巴西	4.5	5.0	7.2	10.0
印度	2.9	3.1	8.4	6.2

资料来源：World Bank，WDI（2010）。

[①] 本节主要参阅联合国《千年生态系统评估综合报告》（2005年3月30日）。

由于全球人口持续增加，以及随着经济发展和生产力持续提高，人均消费不断增长，人类活动对生态系统服务的消费不断增加。为满足人类这种持续增长的消费需求，在目前的能源消费结构下，化石燃料的使用也在不断扩大，并导致生态系统和生物多样性受到的压力越来越大。

到21世纪末，气候变化及其影响将成为全球生物多样性丧失和生态系统服务变化的最主要的直接驱动因素。在1950年至2000年间，全球经济活动增长了近7倍。据预测，到2050年，还将有10％～20％的草原和森林被转为农业用途。这将导致已经十分严重的荒漠化问题进一步加剧，在气候变化的影响下，对于生物多样性和生态系统将带来更为严峻的考验。

土壤退化也是一个全球性问题，尤其是在亚洲和非洲。在中国其代价高达GDP的5％。土壤退化的一个直接后果是荒漠化，它所造成的仅是农业生产率的损失每年就高达420亿美元。

此外，在森林消耗方面，每年至少有1 000万～1 200万公顷的森林土地消失，过度伐木和毁林开荒是其主要原因。全球由于林木生长量减少、水土保持能力下降和氮吸收功能受损而转换成的经济损失每年为10亿～20亿美元。

这就是人类造成的巨额生态赤字，且越来越大，除非人类做出新的选择。

三、全球绿色发展的契机

2008年下半年由美国次贷危机引发的金融危机，酿成了一场历史罕见、冲击力极强、波及范围极广的全球金融海啸，在多个国家造成经济衰退、失业率上升、社会动荡,以及后续引发的一系列债务危机问题。

金融海啸的全球影响,不仅暴露了国际金融体系的脆弱性与不平等性,更揭示出目前由发达国家所主导、以消费主义价值观为核心、严重依赖化石能源、以"掠夺式"消耗全球生态资源为本质的资本主义发展方式的不可持续性。金融危机和债务危机,其本质是发展模式危机,其解决机制也有赖于跨越目前的增长方式,通过一场全新的绿色工业革命,寻求新的发展方式。

(一)绿色经济迅速兴起

事实上,从目前世界各国的情况来看,自金融危机爆发之后,已经有一些发达国家和新兴工业化国家开始了转变经济发展模式的探索,试图将恢复经济发展的宏观政策与保护环境、转变增长模式、减少碳排放的绿色增长战略结合起来。

在未来的世界发展方向中,传统的发展模式必须摒弃,如果希望实现人类共同可持续的发展,必须选择并尝试走出一条新的发展之路——绿色发展。

2011年11月联合国环境署《迈向绿色经济:实现可持续发展和消除贫困的各种途径》的报告认为,过去十年来发生的能源危机、粮食危机、金融危机以及气候危机等等,**其共同特征都表现在"资本的总体配置不当"上**,并在此基础上提出未来的绿色经济发展构想:"投资 **2%** 的全球生产总值用于绿化 **10 个核心经济部门**(见专栏 3—1),**改变发展模式,促使公共和私人资本流向低碳消耗与资源集约利用的部门**"。

韩国政府已经提出要将每年 GDP 的 2% 用于绿色增长计划项目。美国在 2010 年上半年,就将其风险投资中的 25% 投向绿色科技,节能技术及可再生能源技术在政府能源研发预算中所占份额从 1990 年的 13% 提高到 26%。欧盟计划实现"智能化、可持续、包容性经济的 2020 战略",并建立一套监测体系,对宏观经济因素、提升增长的改革以及公共财政进行监测。其中,英国计划于 2012 年以 30 亿英镑公共资金启动绿色投资银行,为低碳项目提供资金;德国则大力发展清洁能源,在 2010 年,近 17% 的电力供应来自于可再生能源,超过了原定的 12.5% 的目标;丹麦签订了绿色增长协议,在农业、食品产业方面发展绿色经济;新西兰成立了由财政部、经济发展部、环境部联合组成的私营部门高级顾问组,通过清洁技术等绿色创新,帮助中小型企业提高能效,并促进出口工业增值。日本则建立了全国绿色创新战略项目,计划实现约 50 万亿日元价值的环境相关市场,新建 140 万个环境相关就业岗位。

专栏 3—1　**联合国环境署:全球新兴的绿色经济(2011)**

在农业方面,绿色经济意味着能够采用有利于生态的耕种方法,在不破坏生态系统和人类健康的条件下,在 2050 年供养 90 亿人口。据估计,世界各地约有 5.25 亿小农户,其中 4.04 亿小农户平均每户经营的土地不足两公顷[1],通过推广和传播可持续耕作来绿化小型农户经济,可以有效提高产量,并将农业从温室气体的主排放源转变为排放与吸收平衡,甚至可能成为温室气体汇[2]。

在能源部门,绿色经济主要体现在对清洁能源以及能源效率的提高进行投资,以替代碳密集型能源投资。从 2002 年至 2009 年中期,可再生能源的总投资每年以 33% 的复合年增长

---

[1]　Irz, X., L. Lin, C. Thirtle and S. Wiggins, 2001, "Agricultural Growth and Poverty Alleviation", *Development Policy Review* 19(4), pp. 449 - 466.

[2]　指从大气中清除温室气体、气溶胶或温室气体前体的过程、活动或机制。

率增加。① 尽管全球经济处于衰退之中，但这一领域正在蓬勃发展。2008 和 2009 年，对清洁能源的新投资分别为 1 620 亿美元和 1 730 亿美元，而 2010 年，投资额估计将创纪录地高达 1 800 亿～2 000 亿美元。②

在建筑行业，全球 1/3 的能源终端使用都发生在建筑物中，而建筑业本身消耗的物质资源则占到全球物质资源的 1/3。因此，对这一领域的绿化，不仅能够节约能源，还可以减少室内空气污染，提高材料、土地和水的使用效率，减少垃圾，并降低有害物质相关的风险。麦肯锡公司的研究显示：现有绿色技术加上可再生能源供给的发展，可以在投入每吨 35 美元成本的情况下减少 35 亿吨二氧化碳排放量。③

在水资源领域，目前的常规模式将导致全球水资源供求之间存在巨大缺口，而绿化水资源经济部门，全球在 2010 年至 2050 年期间每年投资额介于 1 000 亿～3 000 亿美元，则可以将水资源需求量相对于预测趋势减少 1/5，减轻地下和地表水资源面临的近期和长期压力。

发展林业本身就是一项绿色经济，而遏制目前全球毁林趋势也同样是一项非常有利的绿色投资：仅仅减少目前全球森林砍伐量的一半，其所带来的气候调节收益，就将超过其成本的两倍。④

---

①② *Global Trends in Sustainable Energy Investment 2010: Analysis of Trends and Issues in the Financing of Renewable Energy and Energy Efficiency*, UNEP/SEFI, p. 45, 5.

③ McKinsey Global Institute, 2009, *Averting the Next Energy Crisis: the Demand Challenge*.

④ Eliasch, J., "Climate Change, 2008: Financing Global Forests", *The Eliasch Review*, http://www.official-documents.gov.uk/document/other/9780108507632/9780108507632.pdf.

在制造业方面，该行业是造成"黑色"经济的关键部门，对其绿化意味着产品的重新设计、旧物翻新和废物回收以延长产品生命周期，并最终实现循环经济。目前，仅仅依靠对二手产品和组件的再加工，每年可节省约 1 070 万桶石油①；未来 40 年内对能源效率领域进行绿色投资可使工业能源消费降低近一半。

在废物利用领域，目前仅有 25% 的垃圾得到回收或再利用，而全世界垃圾市场（从收集到再利用）每年的估值可达 4 100 亿美元。② 到 2050 年，绿色经济带来的改进可以使电子垃圾的回收水平从目前的 15% 提高到近 100%，将垃圾填埋场的垃圾量至少降低 85%。在气候效益方面，预计到 2030 年可以凭借负成本使垃圾填埋场的甲烷排放量减少 20%～30%，并以低于 20 美元/吨二氧化碳当量/年的成本代价使之减少 30%～50%。③ 在目前已经建立的"废物变能源"绿色经济市场上，废物利用的价值已经高达 200 亿美元，预计到 2014 年还可再增加 30%。④

绿色旅游业也在全球蓬勃发展，目前生态旅游的年增长率达到 20%，约是整个产业增长率的 6 倍。⑤

---

① Steinhilper R., 1998, "The Ultimate Form of Recycling", *Remanufacturing*, Fraunhofer IBC Verlag.

② Chalmin P. and Gaillochet C., 2009, "From Waste to Resource: An Abstract of World Waste Survey", *Cyclope*, Veolia Environmental Services, Edition Economica, p. 25.

③ IPCC (2007), *Climate Change 2007: Mitigation of Climate Change*, AR4, http://www.ipcc.ch/pdf/assessment-report/ar4/wg3/ar4-wg3-chapter10.pdf.

④ Argus Research Company, 2010; Independent International Investment Research Plc and Pipal Research Group.

⑤ TEEB, 2009, *The Economics of Ecosystems and Biodiversity for National and International Policy Makers—Summary: Responding to the Value of Nature*, p. 24.

> 目前交通运输业占全世界液体化石燃料总消耗量的一半多，并占了全球与能源相关的二氧化碳总排放的近1/4。由于空气污染、交通事故和拥堵所带来的环境和社会成本可能达到甚至超过一个国家或地区生产总值的10%。[①] 而创新低碳交通运输，通过整合土地利用和交通规划、发展公共和非机动交通服务、改进车辆技术和燃料技术等方式，能够绿化交通部门，带来极高的经济和环境效益。
>
> 资料来源：联合国环境署：《迈向绿色经济：实现可持续发展和消除贫困的各种途径，面向政策制定者的综合报告》，2011。

（二）产业结构更加"绿化"

全球产业结构将朝着更加绿色的方向发展，这包括三方面的内容：首先，在全球范围内，低污染、低排放、低能耗的服务业所占比重将显著提高，整个经济结构将在整体上"变绿"；其次，是制造业本身的"绿化"，清洁生产机制和循环经济等生产技术的推广，将进一步降低制造业的能源资源消耗，同时让制造业变得更为"清洁"；最后，是产业附加值的提高，尤其是对南方国家而言，高附加值的产业比重将进一步提高，经济结构将更加绿化，且效率更高。

第四次工业革命兴起之后，发展中国家也将出现产业结构的调整和升级，全球产业结构将进一步调整，到2030年，农业占全球GDP比重为2.1%；工业为20%，其中制造业为11.2%；

[①] Creutzig F. & He D., 2009, "Climate Change Mitigation and Co-benefits of Feasible Transport Demand Policies in Beijing", *Transport and Environment 14* (2), pp. 120-131.

服务业为 77.9%。①

随着信息产业和全球交通基础设施的发展，服务业可贸易比例也将不断增加。在产业结构调整过程中，成熟的发达经济体基本保持现有的产业结构，服务业的主导地位将进一步加强；而新兴经济体则面临着产业结构的深刻调整，在服务业体系中，旅游、交通运输、信息和通信与金融保险服务将成为贡献率最高的行业，上述领域的服务业国际贸易也将成为推动服务贸易发展的主要动力。知识服务业比重在迅速提高，北方国家已经领先一步，这既是一个国家长期增长的原动力，也是一个国家向知识经济、知识社会转型的动力，南方国家则需要奋起直追，以保证未来在绿色工业革命中处于有利位置。

在新的绿色工业革命中，新兴国家的产业结构将发生剧烈变化。其农业比重将继续降低，能耗高、水耗高、资源消耗高、污染严重、资本密集的工业比重大幅度降低，劳动密集、知识密集、节能减排的服务业比重明显提高，经历由工业主导产业体系转向服务业主导产业体系的产业升级过程，新兴的战略产业占制造业比例迅速提高，国际竞争更加激烈，制造业极化趋势更为明显。最不发达国家，如撒哈拉以南非洲将成为劳动密集型产业转移的主要对象，其产业结构中工业所占比重将大幅上升。

（三）绿色能源高速发展

第四次工业革命之际，随着化石能源价格的持续上升，全球初级能源需求和消费结构将处于调整期，绿色能源转型开始

---

① 2010 至 2030 年农业生产率年均增长率为 2%，工业生产率年均增长率为 2%，制造业生产率年均增长率为 3%。（计算数据来源：World Bank, World Development Indicator 2011；清华大学国情研究中心，胡鞍钢、鄢一龙、魏星执笔：《2030 中国：迈向共同富裕》，31 页，北京，中国人民大学出版社，2011。）

发动。

向绿色能源转型有三层含义，其一是传统能源的清洁化，其二是可再生能源，其三是高效率地使用能源。同时，产业结构的调整过程中，服务业的发展本身也有利于节能。

根据国际能源署的预测，2030年全球初级能源需求结构与2007年相比，煤炭有所上升，石油有所下降，其他各类初级能源消费比例基本稳定。煤炭消费比例将从2000年的22.9%上升到2030年29.1%；石油消费比例从2000年的36.5%下降到2030年的29.8%；核能、水能、生物能等可再生能源的比例基本维持稳定（见表3—7）。

表3—7　　　全球初级能源需求结构（1980—2030）　　　（%）

	1980	2000	2007	2015	2020	2030
煤	24.8	22.9	26.5	28.4	28.9	29.1
石油	43.0	36.5	34.1	31.4	30.5	29.8
天然气	17.1	20.8	20.9	20.8	20.8	21.2
核能	2.6	6.7	5.9	6.0	5.9	5.7
水能	2.0	2.2	2.2	2.4	2.4	2.4
生物能和循环利用	10.4	10.3	9.8	9.9	9.9	9.6
其他可再生能源	0.2	0.5	0.6	1.2	1.6	2.2

计算数据来源：International Energy Agency, *World Energy Outlook 2009*, 2011. 2020年数据系作者根据IEA模型估算。

南方国家在发展绿色能源方面相对北方国家而言更具优势。首先，南方国家的化石能源行业并不像北方国家那样有强大的利益团体，在发展绿色能源方面阻碍相对小；其次，南方国家可以充分利用相对成熟的绿色能源技术，减少研发过程中的沉没成本；最后，南方国家面临的巨大能源需求压力也会成为重要的推动因素。

（四）绿色科技创新加速

绿色科技创新将成为第四次绿色工业革命的重要推动力。在这一次的科技革命中，参与国家将大幅增加，技术的分享、扩散和应用较过去的三次工业革命都将有更大的覆盖范围和更快的速度。

从数据来看，目前**全球科技创新活动异常活跃，国际科技论文产出和专利产出保持较快增长速度**。我们预计到 2020 年，全球每年发表的国际科技论文数将达到 167 万篇，申请国际专利 147 万项；到 2030 年，这两项指标将分别达到 231 万篇和 197 万项。[①] 在科技领域开展的国际合作将更为密切、更加活跃，跨国的科学研究合作、知识技术交易的深度和广度将大大提高。在申请的国际专利中，在 1999—2009 年期间，可再生能源技术增长了 24%；电力及混合动力车辆技术增长了 20%；建筑及照明节能技术增长了 11%。虽然南北国家科技发展差距远高于它们的经济发展差距，但趋同速度要远高于它们的经济趋同速度。

与北方国家相比，南方国家在发展绿色创新方面有着较强的"后发优势"。从蛙跳理论[②]和沉没成本来看，南方国家可以充分利用基础理论方面的全球公共知识，在绿色创新方面节约大量成本，并可以直接"跳跃"到较高的发展阶段；从利益集团的影响来看，南方国家黑色产业的"利益刚性"相对小，对于绿色创新的阻力也更小；相对北方国家来说，南方国家可以在一张白纸

[①] 参见清华大学国情研究中心，胡鞍钢、鄢一龙、魏星执笔：《2030 中国：迈向共同富裕》，38 页，北京，中国人民大学出版社，2011。

[②] 领先国在旧技术上会路径依赖，旧技术的生产率比新技术初始时高，因此会选择继续沿用旧技术；而后起国由于劳动力成本较低，会选择新技术，从而在未来取得技术优势，因此像青蛙跳跃一样超过领先国。

上,"画出更新、更美、更绿的图画"。

四、迎接绿色文明的黎明

第四次工业革命——绿色工业革命的发生和发展,既是时代的召唤,也是历史的必然。从"挑战—应战"的视角来看,它是对于全球气候危机、生态危机这一严峻危机的主动迎战;从历史视角来看,其目标是从根本上改变资本主义的生产、分配和消费方式,为世界未来的发展提供一条崭新的道路。绿色革命的根本目标,是从本质上真正调整人与自然之间的关系,缩小人与自然之间的差距,保证人与自然之间的长期和谐共存,而要实现上述目标,就必须彻底地改变现有的发展模式。

第四次工业革命,将不仅仅是一场技术革命,在全球合作进一步深化的过程中,它将打破目前南方国家和北方国家之间的樊篱与隔阂,消弭国家与国家之间的不公平和不平等,促进全球合作机制的建立,让全人类都能共享绿色工业革命带来的收益。目前,绿色经济已经成为世界潮流,世界上许多国家已经开始制定绿色经济、绿色增长的相关战略,并通过立法、制定国家发展规划等方式为绿色创新、绿色生产和绿色消费提供政策支持,目标就是要在全球绿色工业革命中抢占先机。同时,包括 OECD、联合国在内的众多国际组织,也纷纷出台相关报告,标志着绿色发展将成为重要的全球议题。

对于南方国家来说,现有的资源供给、环境容量、气候极端变化约束使得复制发达国家过去的发展模式已经不再可能。只有通过充分利用绿色工业革命带来的契机,调整经济结构、"绿化"

产业结构、深刻转变经济发展方式，才能既有利于本国经济、社会、生态发展水平的提高，又能在未来的全球经济格局中占据有利位置。

中国是全球最大的发展中国家、最大的碳排放国，也是最大的生态危机受害国。面对严重的国内和国际挑战，中国已经深刻认识到转变发展方式的重要性，也在实践中通过制定绿色发展规划、投资绿色产业、鼓励绿色创新等方式紧紧跟上了世界潮流，甚至在一些领域中走在了世界前列。在前三次工业革命中，中国错过了前两次工业革命而成为"落后者"；随后在第三次工业革命中奋起直追，取得了今天令世人瞩目的发展成就，而第四次工业革命是中国面临的巨大战略机遇，中国有必要也必须在这场工业革命中成为"领先者"和"主导者"。如何把握这一重要机遇，承担起重大的国际责任，是我们未来面临的一大挑战。

第四章
中国绿色发展之路

这只是万里长征走完了第一步。如果第一步也值得骄傲，那是比较渺小的，更值得骄傲的还在后头。在过了几十年之后来看……就会使人们感觉那好像只是一出长剧的一个短小的序幕。剧是必须从序幕开始的，但序幕还不是高潮。①

——毛泽东（1949）

进入 21 世纪，世界发展的核心是人类发展，人类发展的主题是绿色发展。②

——胡鞍钢（2005）

---

① 毛泽东：《在中国共产党第七届中央委员会第二次全体会议上的报告》（1949 年 3 月 5 日），见《毛泽东选集》，2 版，第 4 卷，1438 页，北京，人民出版社，1991。

② 清华大学国情研究中心，胡鞍钢、王亚华执笔：《国情与发展》，187 页，北京，清华大学出版社，2005。

中华文明自古就有"天人合一"的生存智慧,尊重自然、保护自然、顺应自然是中国传统文化的主流,与此同时,中华的农业文明实际上是"靠天吃饭"的垦殖文明,历史上随着我国人口规模不断扩大,传统农业生产的生态赤字也在不断缓慢扩大。其中森林赤字是中华五千年文明史的最大生态代价,从"多林大国"成为"少林之国",到1949年,森林覆盖率已经下降到历史最低点。[①]

新中国成立以后,作为世界上人口最多的国家、增长最快的经济体,中国正经历着人类历史上规模最大的城镇化与工业化进程,正以历史上最脆弱的生态环境承载着最大的环境压力,我国经济超高速增长的资源和环境负担沉重、代价巨大。这不但成为国内发展的最大约束条件,也使我们日益承担着越来越大的国际压力。

那么,如何认识中国的绿色发展之路?中国如何从黑色发展到绿色发展?从传统黑色工业化到新型绿色工业化?从主要依赖化石能源消耗大国到绿色能源大国?从高碳及高温室气体排放国到绿色、低碳发展之国?从污染排放大国到减排大国?从生态破坏大国到生态建设大国?未来时期如何建设绿色中国?如何开创绿色现代化?如何引领世界绿色发展潮流?如何为人类发展作出绿色贡献?本章从历史到现实再到未来,系统梳理了中国人与自然关系的历史演变,即从生态赤字缓慢扩大,到生态赤字快速扩大,再到生态赤字急剧扩大,随后开始缩小,并出现局部盈余,未来还要转向全面盈余的绿色发展之路。

[①] 参见胡鞍钢:《让天然林休养生息50年:从森林赤字到森林盈余的重大林业战略转变》(2002年10月27日),载《国情报告》,2002(93)。

一、中国历史轨迹：从生态赤字到生态盈余

"大道泛兮，其可左右。万物恃之以生而不辞，功成而不有。"[①] 大自然母亲对于人类的哺育之恩可谓无私、可谓巨大，长期以来人类总以为大自然的恩赐是取之不尽、用之不竭的。实际上，人类赖以生存的生物圈只是覆盖在地球表面的一层易碎的薄膜，人类与自然系统之间长期处于生态赤字阶段，特别是工业革命以来这一赤字迅速拉大。然而，发展不是免费的午餐，人类需要快速地缩小这一赤字，并转入生态盈余。

中国的人与自然关系的历史发展轨迹可以划分为以下四个阶段：第一个阶段是生存性环境问题主导的生态赤字缓慢扩大期。这一时期涵盖了中国五千多年的农业垦殖历史，并一直延伸到近代和建国初期。

第二个阶段是工业化时期生态赤字的迅速扩大期。这一时期大体是新中国成立以来，中国进入了经济起飞期，出现了人类历史上最大规模的城镇化、工业化过程，生态赤字快速扩大。

第三个阶段是生态赤字缩小期。这一时期由于控制污染排放，能源集约利用，加强生态建设，使得生态赤字开始持续缩小，中国于20世纪90年代中后期进入这一过程。

第四个阶段是生态盈余期。中国于21世纪前十年开始转入全面生态建设期和局部生态盈余期，到2020年前后将进入全面生态盈余期。这是中国绿色发展的重要战略机遇期，将成为中

[①] 《道德经》第三十四章。

国生态环境的重大历史转折期。

二、农业文明时代：生态赤字缓慢扩大

远古时代（约 180 万年前至公元前 2070 年）的中华大地处于未开发状态，人烟稀少，人口不足 140 万人，林木丰茂，生态环境优美，当时我国森林覆盖率曾高达 60%～64%（见表 4—1，以下关于总人口数、耕地面积、森林覆盖率的数据也参见此表），作为中华文明起源地的黄河流域气候温和，植被良好。

上古时期，在漫长的近两千年间，随着黄河流域文明发育与成长，我国的人口开始缓慢增长，到公元前 221 年达到了 2 000 万人，森林覆盖率下降到 46%。据史念海研究，整个黄土高原的森林覆盖率超过 50%。黄河下游地势平坦，间有丘陵，湖泊较多，气候湿润，植被良好，整个黄河决堤甚少。现在的科尔沁等地，当时或是草原，或是许多水草丰美的绿洲，或有众多的湖泊水源，沙漠面积远没有今日这么大，而其他地区的森林很少破坏。江泽民指出，在古代历史上相当长的时间内，陕西、甘肃等西北地区，曾经是植被良好的繁荣富庶之地，所谓"山林川谷美，天材之利多"就是古来描绘陕西一带的自然风物的。[①] 南方森林、植被很少遭到破坏，那时可谓是中国生态环境的黄金时代。

随后出现了第一次生态环境恶化时期，秦汉时期，关中地区

---

① 参见江泽民：《再造一个山川秀美的西北地区》（1997 年 8 月 5 日），见《江泽民文选》，第 1 卷，659 页，北京，人民出版社，2006。

森林已不多见，水土流失严重，河水易于泛滥。这时中国出现了第一次人口倍增台阶，由先秦时期（包括春秋战国时代）的1 000万～2 000万人陡升到封建社会前期西汉平帝元始二年（公元2年）的6 000万人。统治者一般都实行"奖励耕战"和"移民戍边"的政策，开始大规模开垦荒地，兴修水利，农耕区向西北方向有了新的延伸，成为内地广大农耕区与游牧区之间的过渡地带。对黄河中游的大规模开垦，破坏了森林草原等自然植被，关中地区森林大量减少，水土流失趋于严重，黄河支流变浊，干流由浑变黄，下游河床淤积抬高，成为高出地面的悬河，河水频繁泛滥。这一时期，大量的开垦与砍伐使我国的森林覆盖率下降到41%。

魏晋南北朝时期，三百多年间，人口大为减少，生态环境相对恢复，许多耕地荒芜，黄河中游农耕区缩小，草原相应扩大，森林虽有破坏，但并不严重，水土流失不甚显著，黄河下游处于较长时间的相对安澜状态。

隋唐统一时期中国人口仍在6 000万左右，但农耕区继续扩展，农业中心区已从北方转移到南方。农耕区的扩展已经受到自然条件的限制。不过盛唐时期陕西、甘肃之地是"闾阎相望，桑麻翳野，天下称富庶者无如陇右"[①]。唐至元的七百多年中，总人口从未低于3 000万，水土流失加重，沙漠化速度加快，湖泊面积缩小，黄河泛滥频繁。这是中国生态环境第二次恶化时期，到元朝末年，我国的森林覆盖率已经不到30%，不及远古时期的一半。

明代以后，中国生态环境进入急剧恶化期。黄河中游森林受到毁灭性的破坏，其含沙量达到60%～70%。公元1849年后，

---

① 司马光：《资治通鉴》卷216。

人口达到 4.13 亿人，一场大规模的开垦开始进行。这一时期中国人口出现了第二次大的倍增台阶，由明末清初不足 1 亿人，经"康乾"时期骤增到 3 亿人，1840 年接近 4 亿。由于人口增长，垦殖规模不断扩大，种植业的发展大大推向边疆地区。首先是向东北地区转移，其次是青藏高原的半农半牧区，再次是又农又牧的西北天山南北，并和内地农区连成一体。森林大面积破坏，黄土高原大多数山岭成了濯濯童山，水土流失日益加剧。黄河泥沙含量由明代的 60% 增至清代的 70%，黄河决堤频度也超过了历史上各个时期，旱涝灾害频频出现，自然生态受到前所未有的严重破坏。

中国五千年文明史的最大生态代价是从"多林大国"成为"少林之国"。从历史上看，我国曾是世界上的森林资源大国，现在则是世界上的少林国家。根据历史资料，经过四五千年来人类的不断砍伐和大规模破坏，到建国前我国已经成为世界上的少林国家，民国时期（1911—1949 年）降至中国历史上的最低点，仅为 12.5%～15.0%，其中 1949 年只有 8.6%，森林面积仅为 0.83 亿公顷。

表 4—1　　中国历代总人口、耕地面积与森林覆盖率

年代	总人口数（万人）	耕地面积（亿亩）	森林覆盖率（%）
远古时代（约 180 万年前—前 2070 年）	低于 140	—	64～60
上古时代（前 2069—前 221 年）	140～2 000	—	60～46
战国末期	—	0.90	—
秦汉（前 221—220 年）	2 000～6 500	—	46～41

续前表

年代	总人口数（万人）	耕地面积（亿亩）	森林覆盖率（%）
魏晋南北朝（220—589 年）	3 800～5 000	—	41～37
隋唐（589—907 年）	5 000～8 300	2.11	37～33
五代宋辽金夏（907—1279 年）	3 000～13 000	4.15	33～27
元（1279—1368 年）	6 000～10 400	—	27～26
明（1368—1644 年）	6 500～15 000	4.65	26～21
清前期（1644—1840 年）	8 164～41 281	—	21～17
清中叶	—	7.27	
清后期（1840—1911）	37 200～43 189	—	17～15
民国时期（1911—1949 年）	37 408～54 167	13.5	15～12.5
中华人民共和国（1949—2010 年）	54 167～134 100	13.2～18.18	8.6～20.36（含大量人工林）[a]

资料来源：a. 为历次林业普查数据，其他数据来源于中国可持续发展林业战略研究项目组：《中国可持续发展林业战略研究总论》，36～37 页，北京，中国林业出版社，2002。

耕地面积来源于吴慧：《中国历代粮食亩产研究》，195、199、216 页，北京，农业出版社，1985。2010 年耕地面积来源于国家统计局。

中国历代统治者所推行的大都是重农政策和鼓励开荒政策，面对人口多、耕地少的国情，粮食产量提高缓慢，清中叶与战国时相比，两千年间，农业生产率只上升了 70%。为了解决这一矛盾，历代大多采取鼓励毁林开荒、毁草开荒、围湖造田[1]等破坏生态的办法，以此来扩大耕地面积，提高粮食产量。这是中国演变为少林国家的根本原因，也是生态破坏的根本原因。[2]

---

[1] 据史料记载，公元 1153 年，太湖围田圩岸长达 145 里，围田多达 1 489 所。（参见长江流域规划办公室《长江水利史略》编写组：《长江水利史略》，114 页，北京，水利电力出版社，1979。）

[2] 参见胡鞍钢：《让天然林休养生息 50 年：从森林赤字到森林盈余的重大林业战略转变》（2002 年 10 月 27 日），载《国情报告》，2002（93）。

三、工业化时期：生态赤字迅速扩大

新中国成立以来，中国进入了经济起飞期，到 1978 年，中国基本实现了 20 世纪 50 年代和 60 年代所制定的国家工业化的初期目标，迅速完成了国家工业化的原始积累，建立了独立的比较完整的工业体系和国民经济体系，奠定了工业化发展的基础，实现了历史上较高的经济增长。根据国家统计局提供的数据，按不变价格计算，1952—1978 年间我国 GDP 年平均增长率为 6.0%，1978 年的经济总量相当于 1952 年的 4.71 倍，即用 26 年的时间使经济总量翻了两番之多。

这一时期，中国选择了以优先发展重工业为目标的发展战略，人为压低重工业发展的成本，即压低资本、外汇、能源、原材料、农产品和劳动力的价格，降低重工业资本形成的门槛。中国的工业化基本上还是苏联的优先发展重工业的模式。1952—1978 年期间，中国的工业总产值增长了 16 倍，年平均增长率为 11.3%，其中重工业增长了 28 倍，年平均增长率为 13.7%；工业产值占整个国民收入比重由 1952 年的 19.5% 上升为 1978 年的 46.8%。[①] 重工业占工业总产值比重从 1952 年的 35.5% 提高到 1960 年的 66.6%，而后有所下降，在 70 年代均在 55% 以上（见图 4—1）。

"一五"时期是我国资源大开发、能源大发展的重要时期。

[①] 参见国家统计局编：《中国统计年鉴（1981）》，北京，中国统计出版社，20、206 页，1982。

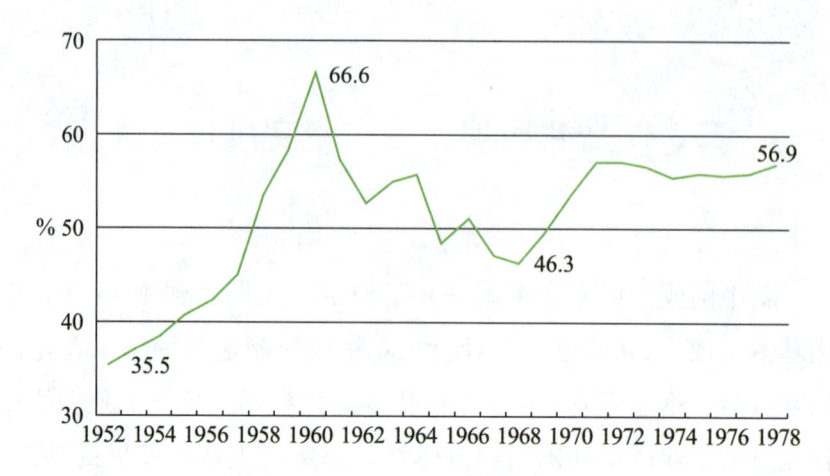

图 4—1　中国重工业产值占工业总产值比重（1952—1978）

计算数据来源：《中国工业经济统计年鉴（2007）》，其中 1953—1956 年，1958—1962 年据《中国金融统计（1952—1996）》补齐。

在苏联的帮助下，建设了 156 个"大项目"，其中作为重工业化"血液"的能源工业成为建设的第一重点（占 33.3%），作为原材料的冶金工业居第四位（占 12.8%）。这些大项目也成为后来中国能源、资源、原材料的重要基地。与此同时，能源消耗增长率大大超过经济增长率，单位 GDP 能耗不断上升，1953—1957 年上升了 32.4%。

"大跃进"时期的超高速增长与全国上上下下大搞黑色工业极为相关，形成了"村村冒烟"，"镇镇点火"，县县"工业强县"，市市"工业强市"，省省"工业强省"的局面。[①]这既脱离中国国情，又违背世界发展潮流，人为造成巨大的资源环境代价。各地大办小高炉、小土炼焦炉、小煤窑，经济发展方式异常

---

① 1958 年"大跃进"，中国建成了简陋的炼铁、炼钢炉 60 多万个，小炉窑 59 000 多个，小电站 4 000 多个，小水泥厂 9 000 多个，农具修造厂 80 000 多个。工业企业由 1957 年的 17 万个猛增到 1959 年的 60 多万个。（参见《中国环境保护行政二十年》，4 页，北京，中国环境科学出版社，1994。）

粗放，1960年的单位GDP能耗比1957年增加了138%，达到了历史峰值。

随后，中国对"大跃进"造成的工业建设混乱局面进行了调整，这一经济调整与控制实际上到1967年才结束，大幅度缩减了基建规模，1961—1967年基本建设投资年均为135亿元，大约相当于1959、1960年的1/3，同时也开始重新强调中央计划的控制，上收了投资、生产、物资调配的权力。这些措施使能源浪费的现象得到了遏制。

这一时期，中国经济发展模式仍然属于粗放型增长，资源高消耗、污染高排放。在此期间中国资源能源工业快速发展，从一穷二白到基本自给，从世界资源小国到世界重要的资源生产大国，中国主要资源型工业产品产量在世界的位次大幅度提高，其占世界总量比重不断上升。一方面，能源、资源工业的发展是中国建成独立的比较完整的工业体系的重要基础，另一方面也为改革以后中国成为世界工业品第一大国奠定了历史基础。这一时期，中国总体上走了一条资源密集、能源密集的工业化道路。突出表现为：

一是资源型工业产值占GDP的比重不断上升[1]，1952年为24.6%，1957年上升到31.5%，1960年更猛升至37.5%，1980年又进一步上升到39.2%[2]。

二是能源、资源强度不断上升，单位GDP能源消耗量从1953年的6.89吨标准煤/万元提高至1977年的18.27吨标准煤/万元，增长了165%，能源强度年平均增长率为4.1%，这

---

[1] 纳入统计的资源型工业产值为冶金工业、电力工业、煤炭及炼焦工业、石油工业、化学工业、建筑材料工业、森林工业的产值之和。

[2] 作者计算资料来源：国家统计局工业交通统计司：《中国工业交通能源50年统计资料汇编：1949—1999》，56、57页，北京，中国统计出版社，2000。

反映了工业化初期所经历的能源密集化上升过程,即典型的能源粗放型增长模式。以1952年价格计算,1953年的单位GDP能耗只有6.89吨标准煤/万元,"一五"时期快速上升,"大跃进"期间急速上升,达到了21.73吨标准煤/万元的峰值,随后单位GDP能耗第一次出现了下降,与1960年的峰值相比,1967年的单位GDP能耗下降了55.6%。1977年出现了"洋跃进",这造成了能源、资源生产效率相对低下,与1967年相比,单位GDP能耗又重新上升了57.3%。相应地单位GDP二氧化碳排放量也是呈上升趋势,并高于美国同期的碳排放强度。(见图4—2)

图4—2 中国与美国单位GDP二氧化碳排放量(1900—2009)

说明:系作者计算,GDP数据为PPP不变价(1990年国际美元),数据来源于Angus Maddison, *Historical Statistics of the World Economy: 1-2008 AD*;二氧化碳排放量数据来源于CDIAC(Carbon Dioxide Information Analysis Center),2011-01-18。

进入20世纪70年代,环境问题开始成为人类的一项公害,引起世界各国的高度重视,1972年联合国在瑞典斯德哥尔摩召开人类环境会议第一届会议。环境问题也引起我国领导人的重视,1970年12月周恩来对有关负责人说:"我们不要做超级大国，不能不顾一切，要为后代着想。对我们来说，工业公害是一个新的问题。工业化一搞起来，这个问题就大了。"[①] 1973 年 8 月中国召开了第一次环境保护会议，确立了环境保护方针："全面规划，合理布局，综合利用，化害为利，依靠群众，大家动手，保护环境，造福人民。"这次会议之后，从中央到地方开始建立环境保护机构，加强了对环境的管理。

这一时期中国出现了新的人口倍增台阶，总人口数由 1949 年的 5.4 亿增长到 1980 年的 10.1 亿人，形成了对生态环境的巨大冲击与破坏。在进行人工林绿化的同时，也大量地砍伐森林，对森林资源的破坏速度超过了历代王朝，林木蓄积量从建国初的 90.28 亿立方米，下降到 86.6 亿立方米，此外还带来了土地荒漠化、草原退化、生态赤字规模扩大、生物多样性受到严重威胁等一系列问题。

同时，这一时期我国的人工森林建设也取得了进展。毛泽东等第一代中央领导集体成员对森林问题极为重视。1955 年，毛泽东主席向全国人民发出了"绿化祖国"、"实行大地园林化"的号召。这一时期，中国政府确定了"普遍护林、重点造林"的方针，有力地推动了森林资源发展。中国进行了大规模的造林活动，经过新中国成立以来二十多年的绿化，与建国之初相比，我国的森林面积有所扩大，1973—1976 年的第一次全国森林资源清查表明，森林面积由 1949 年的 0.83 亿公顷上升到 1.22 亿公顷，森林覆盖率由 8.6% 提高到 12.7%。但是天然林面积和蓄积量还是有所减少。

[①] 李琦：《在周恩来身边的日子》，332 页，北京，中央文献出版社，1998。

四、改革开放时期：生态赤字急剧
　　扩大到开始缩小

改革开放以来，伴随着市场化改革，能源效率明显提高，开始出现单位 GDP 能源消费、单位 GDP 二氧化碳排放量持续下降的基本趋势（见图 4—2）。与此同时，伴随着人类历史上最大规模的工业化、城镇化，高速的经济增长，中国的能源、资源消耗总量持续扩大，工业污染物高排放量持续增加，加剧了生态环境破坏。1989 年我们曾尖锐地指出，中国走了一条弯路，初期改革是成功的，又是便宜的，然而这种重视经济，忽视生态；重视改革，忽视治理；重视近利，忽视远谋；重视主观，忽视客观的小农式的经济政策却为中国生态环境带来长期性、积累性、严重性的恶果，它并不亚于我国 20 世纪五六十年代在人口政策上的重大失误，给整个民族造成了无法挽回的灾难性后果。[①] 当时我们还难以计算这些"看不见"的自然损失。当我们采用绿色国民经济核算方法之后，使"看不见"的损失变成"看得见"的损失，就有可能进行"事后评估"。

改革开放初期，经济增长付出了巨大的自然资产损失代价，自然资产损失占 GNI 的比重高达 10%～20%，最重要的原因是能源损耗占 GNI 比重居高不下。随着能源价格与国际价格趋同、能源利用效率提高，总体上讲，自然资产损失在 20 世纪 80 年代达到顶峰以后开始下降（见图 4—3）；自然灾害造成的经济损失，占 GDP 比重大约为 4%；人力资本保持较高投资率，在 7%～

[①] 参见胡鞍钢、王毅、牛文元：《生态赤字：未来时期中华民族生存的最大危机》（1989 年 8 月），载《科技导报》，1990（2、3）。

8%之间；绿色投资大幅度下降，由改革开放之初的 2.3%，下降到 90 年代初的 1%左右；初级产品贸易处于净输出期，长期向外国输出自然资本。（见表 4—2）

这一时期，我国出现了历史上最大的生态环境危机，形成了中国历史上规模最大、涉及面最广、后果最严重的生态破坏和环境污染。正如作者在《生存与发展》国情报告（1989）中所指出的，改革初期的经济发展是以"透支"自然资源和生态环境为代价的，现在看来这一代价远比我们当时估计的高得多。

图 4—3 中国自然资产损失和能源损耗占 GNI 比重（1978—2010）

计算数据来源：世界银行数据库，http://databank.worldbank.org。

上世纪 90 年代中期以来，我国首次明确提出可持续发展战略①，积极应对各种生态环境挑战。可持续发展是一种既满足当代

---

① 1994 年 7 月 4 日，国务院批准了《中国 21 世纪人口、环境与发展白皮书》；1995 年 9 月 28 日中共十四届五中全会通过的《中共中央关于制定国民经济和社会发展"九五"计划和二〇一〇年远景目标的建议》正式提出实施可持续发展战略，明确提出：到 20 世纪末，力争环境污染和生态环境破坏加剧趋势得到基本控制，部分城市和地区环境质量有所改善；2010 年基本改变生态环境恶化的状况，城乡环境有比较明显改善。

人的需求，又不对后代人满足其需求的能力构成危害的发展模式。江泽民同志就对中国的生态破坏进行了反思，并痛切地指出：如果在发展中不注重环境保护，等到生态环境破坏了以后再来治理和恢复，那就要付出更沉重的代价，甚至造成不可弥补的损失。为此，江泽民提出要实施可持续发展战略，"决不能走浪费资源和先污染后治理的路子，更不能吃祖宗饭、断子孙路。"①

随后，我国强化生态环境建设，开始进入生态赤字缩小期。随着能源利用效率的进一步提高，污染治理和环境保护的推进，自然资产损失占 GNI 的比重明显下降，大约在 5%（见图 4—3）；防灾减灾能力提高，自然灾害直接损失占 GDP 比重明显下降；人力资本保持较高投资率；绿色投资占 GDP 比重显著提高；初级产品贸易由净输出转为净输入，由外国输入自然资本（见表 4—2）。到 1995 年，我国的绿色 GDP 就已经高于名义 GDP（见表 4—2、图 4—4），到 2000 年达到了 107%，2009 年又进一步上升为 114%（见表 4—2）。由于世界银行对自然资产损失的核算未包括水污染的损失，二氧化硫的污染排放和其他有害、有毒物质的损失，生态破坏损失，这造成了自然损失的低估，所以还不能表明我国已经进入全面生态盈余期，但可以肯定的是生态赤字已明显缩小，出现了局部生态盈余的趋势。

表 4—2　　　　中国绿色 GDP 核算（1978—2010）　　　　单位：%

年份	名义 GDP (1)	自然资产损失 (2)	自然灾害损失 (3)	人力资本投资 (4)	绿色投资 (5)	本国自然账户平衡 (5+4−3−2)	外部自然资本输入 (6)	真实 GDP（世行口径）(1−2+教育投入)	绿色 GDP（作者口径）(1+5+4−2−3+6)
1978	100	13.5	9.9	7.3	2.3	−13.8	−1	89.1	87.8
1979	100	17.3	5.3	7.7	2.3	−12.6	−1	85.5	84

---

① 江泽民：《保护环境，实施可持续发展战略》（1996 年 7 月 16 日），见《江泽民文选》，第 1 卷，532 页，北京，人民出版社，2006。

续前表

年份	名义GDP (1)	自然资产损失 (2)	自然灾害损失 (3)	人力资本投资 (4)	绿色投资 (5)	本国自然账户平衡 (5+4−3−2)	外部自然资本输入 (6)	真实GDP（世行口径）(1−2+教育投入)	绿色GDP（作者口径）(1+5+4−2−3+6)
1980	100	19.3	9.4	8.1	1.9	−18.7	−1.1	83.9	81.5
1981	100	20.5	5.8	8.1	1.6	−16.6	−1.1	83	80
1982	100	19.3	4.7	8.3	1.6	−14.1	−1.2	84.5	81.1
1983	100	14.8	4.4	8.5	1.5	−9.2	−1.7	88.9	85
1984	100	13.7	3.6	8.5	1.3	−7.5	−2.6	90	85
1985	100	11.9	4.6	7.6	1.1	−7.8	−2.8	91.5	86.4
1986	100	8.9	4.8	7.9	1.2	−4.6	−1.9	94.6	90.4
1987	100	10	2.7	7.4	1.2	−4.1	−2.3	93.2	88.9
1988	100	9.5	4.7	7.2	1.0	−6.0	−1.4	93.5	90.1
1989	100	9.7	4.3	8	1.0	−5.0	−1	93.8	90.3
1990	100	10.8	2.8	8.4	1.0	−4.2	−1.7	92.7	88.5
1991	100	9.6	5.6	8.2	1.2	−5.9	−1.4	93.7	92.7
1992	100	8.5	3.2	8.1	1.3	−2.3	−0.9	94.7	96.8
1993	100	7.5	2.8	7.6	1.3	−1.4	−0.6	95.5	98.0
1994	100	5.9	3.9	7.4	1.1	−1.3	−0.6	97.2	98.1
1995	100	5.4	3.1	7.2	1.1	−0.2	0.4	97.7	100.2
1996	100	5.1	4.1	7.6	1.1	−0.6	0.4	98.0	99.8
1997	100	4.5	2.5	7.9	1.2	2.0	0.5	98.7	102.5
1998	100	3.2	3.6	8.5	1.6	3.3	0.5	100.3	103.5
1999	100	3.2	2.2	9.0	1.6	5.2	0.6	100.5	105.9
2000	100	4.0	2.1	9.4	1.9	5.3	1.8	99.9	107.0
2001	100	3.9	1.8	9.8	1.8	5.9	1.5	100.3	107.3
2002	100	3.4	1.4	10.4	2.1	7.7	1.4	101.1	109.1
2003	100	3.7	1.4	10.6	2.1	7.6	2.3	100.9	109.9
2004	100	5.5	1.0	10.5	2.0	6.0	4.0	99.0	109.9
2005	100	5.8	1.1	10.7	2.0	5.8	4.4	98.8	110.2
2006	100	5.8	1.2	10.7	1.9	5.6	4.4	98.8	110.5
2007	100	5.7	0.9	10.7	2.0	6.0	4.4	99.0	111.1
2008	100	7.6	3.9	11.2	2.2	1.9	6.3	97.2	108.1
2009	100	4.3	0.8	11.7	2.3	9.0	4.5	100.8	113.5
2010	100	4.1	1.4	11.6	2.7	8.8	3.1	100.8	111.9

说明：本表系作者计算，真实GDP和绿色GDP核算方法详见第二章第五节。

计算数据来源：(2) 项 1990—2009 年数据来源于国家减灾委员会（2010），1980—1989 年数据系作者估计；(3) 项来源于 World Bank, WDI；(4) 项来源于国家统计局，其中 1978—1990 年研发投入系挖潜改造资金和科技三项费用财政支出占 GDP 比重；(5) 项数据来源于《中国水利年鉴（2010）》，北京，中国水利水电出版社，2010；(6) 项系净初级产品进口额占 GDP 比重，来源于国家统计局。

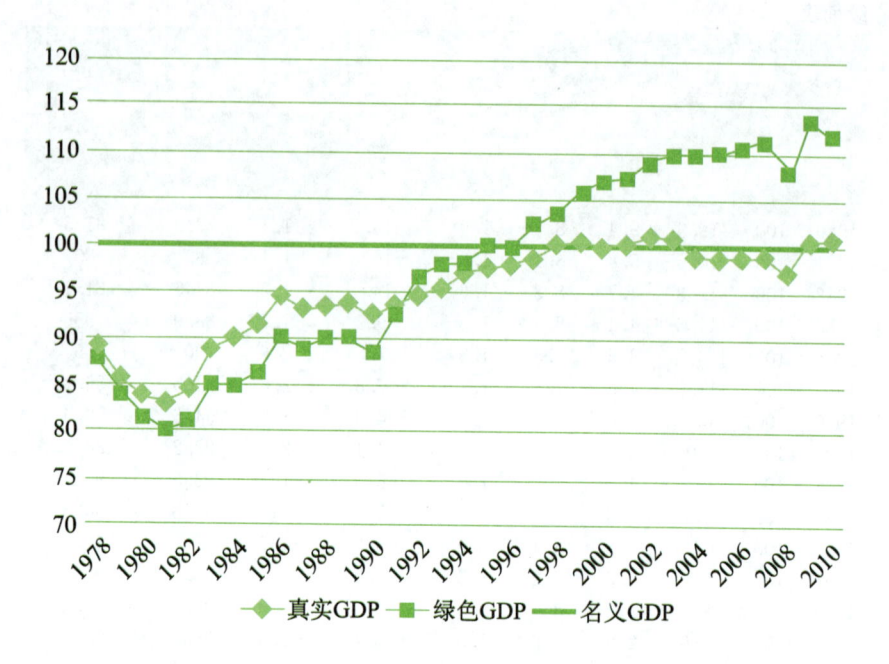

图4—4 中国名义GDP、真实GDP和绿色GDP比较（1978—2010）

注：以名义GDP为100计量。

（一）从能源消耗大国到能源集约利用大国

改革开放以来，中国的能源消费高速增长，中国已经成为能源消费的"超级大国"，成为全球能源的超级买家，各类能源消费占世界的比重不断上升。从中国主要指标占世界总量比重看，中国目前已经是世界第一大钢消费国、煤炭消费国和能源生产国，第二大经济体，第二大能源消费国和发电量生产国。中国不仅是世界上原煤生产最大国，也是世界上原煤消费最大国。2009年中国原煤产量和原煤消费已经分别占世界总量的45.6%和46.9%（见表4—3）。这形成了巨大规模的能源消耗的外部效应，中国资源消耗的过快增长，也引起了全球市场的恐慌，为"中国威胁论"提供了新的借口。

表 4—3 中国能源生产、消费主要指标占世界总量比重（1980—2009）

(%)

	1980	2000	2005	2009
原油消费	2.93	6.10	8.38	10.4
原油产量	3.22	4.17	4.37	4.9
天然气消费	0.92	1.10	1.79	3.0
天然气产量	0.92	1.10	1.79	2.8
原煤消费	17.4	28.3	37.6	46.9
原煤产量	17.3	29.2	39.4	45.6

资料来源：IEA, 2007, *World Energy Outlook 2007*；2009 年数据：*BP Statistical Review of World Energy*, June 2010。

与此同时，从 1978 年改革开放开始，中国经历了从能源密集化上升转向能源密集化下降的过程。"六五"计划第一次提出了降低工业能耗的指标，要求单位工业产值能耗下降 12.3%～16.3%，实际上单位 GDP 能耗下降了 23.5%；"七五"计划提出要走"内涵型为主的扩大再生产的路子"，要求单位 GDP 能耗下降 11.6%，实际下降了 11.9%；"八五"计划提出坚持开发与节约并重的方针，把节约放在突出位置，要求五年内，全国共节约和少用能源 1 亿吨标准煤，单位 GDP 能耗下降 8.6%，实际下降了 25.5%。进入 90 年代，国家领导人更进一步认识到："我国是人口众多、资源相对不足的国家"，要实行"资源开发和节约并举，把节约放在首位，提高资源利用效率。"[1]

"九五"时期，中国开始大规模产业结构调整，增长模式开始发生转变，从高资本投入、高增长转向资本投入相对下降、高增长，从高能耗、高污染排放、高增长逐渐转向低能耗、少污染、高增长，经济增长率为 8.63%，但能源消费增长率只有

---

[1] 江泽民：《高举邓小平理论伟大旗帜，把建设有中国特色社会主义事业全面推向二十一世纪》（1997 年 9 月 12 日），见《十五大以来重要文献选编》（上），28 页，北京，人民出版社，2000。

1.10%，能源消费需求增长弹性系数为 0.127，能源强度下降了 26.7%。由于煤炭消费量大幅下降，二氧化碳排放量也随之下降，2000 年比其高峰年份（1996 年）约下降了 17.1%，仅相当于 1993 年的排放水平。

从国际比较看，以购买力平价法计算，中国能源利用效率不断提高，大大快于同期世界进展。1978 年中国的单位 GDP 能耗为美国的 1.4 倍，2000 年以来已经和美国趋同，中国只用了 50 年时间就完成了从能源的粗放利用到集约利用的转变，而美国则用了一百多年时间。

（二）从温室气体排放大国到低碳发展之国

从上世纪 90 年代以来，中国成为温室气体排放的新兴大国，二氧化碳排放量占世界比重迅速上升，1980 年为 8.08%，1990 年为 11.3%，2005 年为 19.16%，已接近美国，到 2009 年提高到 24.2%，超过美国居世界第一位，也高于人口占世界的比重（为 19.3%）。中国已经是世界上最大的"黑猫"，给世界带来最大的负外部性。只有加快转变经济发展方式，走上绿色发展道路，才能减少对能源的低效率消耗，才能为缓解全球气候变化做出应有贡献。

从单位 GDP 二氧化碳排放量来看，中国也经历了一个先上升（1949—1976 年）、后下降（1978 年至今）的历史演变过程，这与单位 GDP 能源消耗变化曲线基本一致。从今后来看，中国单位 GDP 能源消耗和单位 GDP 二氧化碳排放量还会持续下降。

中国作为工业化的后来者，它的碳排放轨迹与工业化的先行者（如美国）有相似之处，也有不同之处。首先，中国和美国一样碳排放强度都经历了先上升、后下降的过程；其次，中国的碳排放强度峰值大大低于美国峰值（见图 4—2），这就意味着中国在人均GDP较低的水平条件下进入碳排放强度下降期。美国的工业化是一个长期高度碳密集化过程，单位GDP二氧化碳排放量于1917年达到峰值，为30.65吨/1990年万美元，当时美国的人均GDP已经达到5 248美元，随后缓慢持续下降，到2009年降至5.69吨/1990年万美元。美国大体花了一百多年的时间，由高度碳密集增长模式回到前工业化的水平，初步实现经济增长与碳排放脱钩。与美国相比，中国于1977年达到峰值，当时人均GDP只有894美元，峰值为15.84吨/1990年万美元，远低于美国的峰值水平；而后迅速下降，与美国实现趋同，到2009年为7.01吨/1990年万美元，高于美国的水平；我们估计到2030年为2.06吨/1990年万美元，将低于美国水平。中国大体只用了不到60年的时间就实现了高碳增长模式到低碳增长、再到与碳排放脱钩的转变。

（三）从污染排放大国到减排大国

改革开放以来，中国的环境污染也经历了一个先污染，后治理的过程。改革开放之初，高速的经济增长，也带来了严重的环境污染，到"八五"时期（1991—1995年）达到了高峰。"九五"时期（1996—2000年），加强污染治理、保护环境、转变经济增长方式成为中国政府关注的焦点，出现了高增长、低排放的绿色发展模式。工业废水化学需氧量排放量、工业二氧化硫排放量、工业烟尘排放量，分别下降了8.3%、14.8%、35.5%。"十五"时期（2001—2005年），受新一轮高投资、重化工业带动的高速经济增长影响，中国的经济增长方式发生逆转，重新走向高增长、高污染的发展模式。"十一五"时期（2006—2010年），工业固体废物综合利用率从2005年的55.8%，提高到2010年的68.4%，主要污染物排放大幅度减少，二氧化硫排放累计下降

12.5%，化学需氧量排放累计下降14.3%，均超额完成规划目标。

中国主要污染物排放与经济增长的脱钩经历了一个反复的过程。"八五"时期，经济增长，工业污染物排放量增长；"九五"时期，主要污染物排放增长率和经济增长已经出现了第一次脱钩，经济较快增长的同时，主要污染物排放量下降；"十五"时期出现了逆转，部分污染物不降反升；"十一五"时期再次出现了污染物排放与经济增长的脱钩（见表4—4）。随着"十二五"规划（2011—2015年）增加主要污染物种类，进一步提出减排要求，未来中国将实现经济增长和主要污染物的全面脱钩。

表4—4　　中国主要工业污染物排放量增长率与弹性系数（1985—2010）

时期	国内生产总值增长率（%）a	工业化学需氧量排放增长率（%）b	工业二氧化硫排放增长率（%）b	工业化学需氧量排放弹性系数	工业二氧化硫排放弹性系数
七五	7.9	−0.53	2.44	−0.07	0.31
八五	12.3	1.65	4.81	0.13	0.39
九五	8.6	−1.71	−3.14	−0.20	−0.37
十五	9.6	−4.68	6.11	−0.49	0.64
十一五	11.2	−1.66	−2.60	−0.15	−0.24

计算资料来源：a.《中国统计摘要（2008）》，b.《中国统计年鉴》（历年）。

（四）从生态破坏到生态建设

新中国成立以来我国林业发展并非是一条笔直大道，甚至不自觉地走了一条令人痛心的弯路，大致经历了忽视森林资源价值，视森林为农业发展障碍的阶段，追求森林资源的木材生产经济效益最大化阶段，追求林业生态、经济和社会效益综合发展阶段，可持续发展林业阶段。整体而言，中国的森林资源呈"U"

型曲线变化，先下降后上升。进入 20 世纪 80 年代以后，森林赤字扩大的趋势有所遏制；从 90 年代之后，森林覆盖率、森林面积和森林蓄积量三个指标才出现增长趋势，改变了长期以来森林赤字的局面，开始出现森林资产盈余的情形。据第 7 次全国森林资源清查，我国森林覆盖率达到 20.36%，比第三次森林资源清查期提高了 7.38 个百分点；森林面积达到了 1.95 亿公顷，增加了 7 000 万公顷；森林蓄积量达到 137.21 亿立方米，增加了 45.8 亿立方米。与此同时，森林的碳汇能力①明显增强。（见表 4—5）

表 4—5　　我国森林资源及碳汇能力变化（1949—2008）

年份	森林覆盖率（%）	全国森林面积（亿公顷）	森林蓄积量（亿立方米）	活立木总蓄积量（亿立方米）	累积吸收二氧化碳总量（亿吨）
1949	8.6	0.83	90.28	—	165.21
第 1 次全国森林资源清查（1973—1976）	12.7	1.22	86.6	—	158.48
第 2 次全国森林资源清查（1977—1981）	12	1.15	90.3	—	165.25
第 3 次全国森林资源清查（1984—1988）	12.98	1.25	91.41	105.72	167.28
第 4 次全国森林资源清查（1989—1993）	13.92	1.33	106.7	119.5	195.26
第 5 次全国森林资源清查（1994—1999）	16.55	1.59	112.7	124.9	206.24

---

①　碳汇一般是指从空气中清除二氧化碳的过程、活动、机制。森林碳汇能力是指森林吸收并储存二氧化碳的能力。

续前表

年份	森林覆盖率（%）	全国森林面积（亿公顷）	森林蓄积量（亿立方米）	活立木总蓄积量（亿立方米）	累积吸收二氧化碳总量（亿吨）
第6次全国森林资源清查（2000—2003）	18.21	1.75	124.56	136.18	227.94
第7次全国森林资源清查（2004—2008）	20.36	1.95	137.21	149.13	251.09

注：第6次森林资源清查中森林面积含清查间隔期内新增的国家特别规定的灌木林。

资料来源：国家林业局发展计划与资金管理司、国家林业局经济发展研究中心编：《数字解读"十五"中国林业发展》；第7次全国森林资源清查数据；第4次天然林数据系作者根据数据推算；森林累积吸收二氧化碳总量的计算方法为当年森林蓄积量×1.83吨/立方米（2000年IPCC特别报告，即树木每生长1立方米可以吸收1.83吨二氧化碳）。

从世界范围来看，目前世界森林覆盖率约为31%，我国约为世界平均水平的0.66。世界森林面积为40亿公顷，相当于人均0.6公顷，我国森林面积约占世界的1/20，森林面积排名世界第5，人均森林面积约为世界平均水平的0.26。历年森林面积中国占世界比例总体呈"U"型趋势，1990—2010年，世界森林面积减少了3.25%，中国增长了31.64%，如果不包括中国，世界的森林增长率会下降得更多，为−4.61%，中国对世界森林增长速度的贡献率为1.36%。1990—2010年世界年均森林面积减少830万公顷，年均增长率为−0.2%，而同期中国森林面积则持续增加，1990—2000年年均增长率为1.2%（同期低收入和中等收入国家为−0.3%，高收入国家为0.1%）；2000—2005年年均增长率为2.2%（同期低收入和中等收入国家为－0.3%，高收入国家为0.1%)[1]，在所有森林增加国家中是增长率最快的国家；2005—2010年年均增长率为1.39%（世界同期为－0.14%），从世界主要八大国[2]的森林面积、蓄积量变化来看，中国在1990—2000年和2000—2010年两个时期都是稳居第一。**尽管中国还是发展中国家，却率先实现从"森林赤字"转向"森林盈余"，甚至森林面积及蓄积量增长率大大超过发达国家。这预示着，中国将从生态赤字转向生态盈余，根本改变几千年甚至上万年来人与自然之间差距不断扩大的趋势。**

五、21世纪：率先走向生态盈余

进入21世纪，人与自然之间差距扩大，仍然是人类面临的最大挑战之一，如何应对这一根本性挑战，人类必须予以理性回答和实际行动。那么作为世界人口最多的中国能否率先走向生态盈余呢？我们的回答是肯定的。这一出路就在于率先实现绿色发展。

首先，2003年以来，中国领导人首创科学发展观，倡导绿色发展。 绿色发展观是科学发展观不可分割的部分，也是科学发展观的有机组成。胡锦涛总书记在2008年10月8日的全国抗震救灾总结表彰大会上的讲话中，进一步深刻阐明了人与自然的关

---

[1] World Bank，WDI (2009)。
[2] 世界主要八大国为中国、美国、英国、法国、俄罗斯、日本、印度、巴西。

系："人类对自然规律的认识和把握，是一个永不停息的过程，规律性的东西往往要通过现象的不断往复和科学技术的不断发展才能更明确地被人们认知。只要我们坚定不移地走科学发展道路，锲而不舍地探索和认识自然规律，坚持按自然规律办事，不断增强促进人与自然相和谐的能力，就一定能够不断有所发现、有所发明、有所创造、有所前进，就一定能够做到让人类更好地适应自然、让自然更好地造福人类。"[1]

其次，21世纪的第一个十年，我国已经出现局部的生态盈余，表现为自然灾害损失占GDP比重大幅度下降，人力资本投资大幅度提高，绿色投资大幅度提高，绿色GDP比名义GDP已经高出10%左右（见表4—2）。

"十一五"时期中国开始转向绿色发展，中国已经出现了初步的生态盈余。主要资源、环境指标开始好于"十五"时期。耕地减少的势头得到有效遏制，单位工业增加值用水量继续下降。环境保护综合效益显现，大气环境质量和水环境质量初步改善。2005—2010年间，七大水系国控断面好于Ⅲ类比例由41%提高到59.6%；空气质量标准达二级的地级以上城市比例由59.3%提高到82.7%。生态环境保护进展顺利，生态环境总体恶化趋势得到初步遏制。森林覆盖率提高到20.36%，自然生态保护区得到有效保护，自然湿地保护率由2005年的45%提高到49.6%（见表4—6）。生态退化现象逐步得到治理和恢复，水土流失面积、草地"三化"（退化、沙化、盐渍化）面积扩大的趋势得到遏制，荒漠化、沙化土地面积开始减少，年均减少2 491平方公里和1 717平方公里。

---

[1] 《十七大以来重要文献选编》（上），644页，北京，中央文献出版社，2009。

表 4—6　中国主要生态环境指标变化情况（2005—2015）

指标	2005	2010	2015	2005—2010 实际变化（%）	2010—2015 的变化值（%）
单位工业增加值用水量下降	—	—	—	43.5	30
农业灌溉用水有效利用系数	0.45	0.50	0.53	0.05	6
灌溉用水总量（亿立方米）	3 580	3 689	—	3.04	
耕地保有量（亿公顷）	1.220 8	1.212	1.201	−0.7	−1
森林覆盖率（%）	18.21	20.36	21.66	2.15	6.4
二氧化硫排放量（万吨）	2 549	2 267.8a	2 086.4a	−14.28b	−8a
化学需氧量排放量（万吨）	—	2 551.7a	2 347.6a	−12.45b	−8a
工业固体废物综合处理率（%）	56.1	66.7	72	10.6	5.3
城镇污水处理率（%）	52	82.5	98.9	30.5	16.4
城市生活垃圾无害化处理率（%）	51.7	77.9	80	26.2	
七大水系国控断面好于Ⅲ类比例（%）	41	55a	≥60a	18.6b	5a
空气质量标准达二级的地级以上城市比例（%）	59.3	72a	≥80a	23.4b	8a
自然湿地保护率（%）	45	49.6	—	4.6	
水土流失面积（万平方公里）	356	356.92		0	

资料来源：国家统计局编：《中国统计年鉴（2011）》，《中国第三产业统计年鉴（2011）》；2015年指标来源于《中华人民共和国国民经济和社会发展第十二个五年规划》；a来源于《国家环境保护"十二五"规划》（2011年12月15日），化学需氧量包括工业、城镇生活和农业排放总量，七大水系国挖断面个数由419个增加到574个，地级以上城市由133个增加至333个；b根据国家统计局数据计算。

再次，从未来发展趋势来看，中国将大有希望，大有作为。"十二五"规划首次提出绿色发展战略，成为中国首部绿色发展的五年规划，主要生态环境指标将会进一步改善（见表4—6）。① 这预示着，到2020年前后中国将从局部的生态盈余转向全面的生态盈余，并将根本性扭转中国长期以来的生态环境恶化趋势。从全人类看，中国将成为世界绿色发展的创新国、引领国。

中国引领绿色经济发展潮流。中国发动绿色经济有两大优势：一是后发优势，中国作为后发国家，发展绿色经济的沉没成本相对较小，可以利用蛙跳效应，加速发展绿色经济；二是集中力量办大事的优势，推动绿色经济发展，面临着正外部性导致的投入不足等问题，仅仅依靠市场力量，难以促进经济发展方式的自发转型、自动转型，必须由政府部门制定相应的政策，提供足够的正向的激励，再发挥市场力量的调节作用。中国将促进产业集聚、提升国际竞争力，加速七大战略性新兴产业发展。七大战略性新兴产业占GDP比重将由2010年的4%左右提高到2015年的8%左右，到2020年进一步提高到15%左右，形成四个国民经济支柱产业（节能环保、新一代信息技术、生物、高端装备制造业）和三个先导产业（新能源、新材料、新能源汽车）。以战略性新兴产业为核心，着力引导、形成符合绿色经济需求的产业结构，使传统产业不断绿化，形成知识密集型、资源集约型、生态友好型产业体系。

中国将成为世界绿色能源领导国。中国将从三个方面入手来优化能源结构，一是提高非化石能源在总能源消费中的比例，特别是提高太阳能、风能等可再生能源的比例；二是降低煤炭在化石能源消费中的比重；三是通过技术改造来进一步清洁煤炭利

---

① 详细分析参见本书第五章。

用。中国国家"十二五"规划提出到 2015 年非化石能源消费占总能源消费的比例达到 11.2%，根据国务院 2009 年年底提出的目标，2020 年中国可再生能源比例要到达 15%；我们估计，中国将超额实现这一目标，到 2015 年非化石能源比重达到 13%，2020 年达到 19%，到 2030 年这一比例将达到 26%[1]，超过美国、欧盟的比例，成为世界上绿色能源比例最高的国家之一[2]。

中国将成为低碳产业发展的世界引领者。国际能源署（IEA）《世界能源展望 2010》预计，在"新政策情景"下，2008—2035 年期间全球天然气需求年均增长 1.4%，而中国增长最快，将高达 6%，并且占全球同期总需求增长量的 23%。该报告认为"中国可能会带领全球进入天然气的黄金时代"。

中国巨大的国内市场以及巨大的投资需求将会刺激低碳技术的迅猛发展。中国目前已经成为风电和光伏生产的领头羊，也成为世界主要的设备供应国，并且与世界上其他具有大规模开发太阳能电力巨大潜力的地区，例如中东和北非等地区相比，中国还具有市场规模、技术水平、政治稳定等多方面的优势。据 IEA《世界能源展望 2010》预计，到 2035 年，中国在太阳能发电、风电、核电以及电动及插电式混合动力汽车等主要低碳新技术的应用上，将占到全球增量的 19%、26%、29% 以及 21%。

中国将开展世界最大规模的生态建设。中国还将是世界森林资源增长最快的国家，到 2020 年全国森林覆盖率增加至 23%，

---

[1] 我们这一估计是相对保守的，中科院预测到 2020 年我国的非化石能源比例将达到 20%，到 2030 年达到 34%。（参见中国科学院：《科技革命与中国的现代化》，46 页，北京，科学出版社，2009。）

[2] 世界各国都制定了 2020 年清洁能源（非化石能源）发展规划和目标，其中德国的目标值最高，计划到 2020 年清洁能源占整个能源比重达到 30%，其次是欧盟和美国，目标是达到 20%。但是实际上其目标很难实现。

森林蓄积量达到 140 亿立方米，成为陆地上最大的人工森林储碳库，成为世界最大的人工森林碳汇国，全国生态安全屏障体系基本建立，全国重点生态功能区①涵养水源、防沙固沙、保持水土、维护生物多样性、保护自然资源等生态功能大幅提升。中华民族大家园将呈现生产空间集约高效，生活空间舒适宜居，生态空间山青水碧，人口、经济、资源环境相协调的美好情景。②

中国将建成天蓝、水绿、山青之国。 随着我国继续推进环境友好型社会建设，我国的环境质量将稳步改善。第一步，污染排放量逐步减少到环境自净容量以下；第二步，生态环境明显改善，天更蓝，水更绿，山更青。我国将建成生态文明型社会，形成人与自然和谐共生的社会形态，人类的生产和消费活动与自然生态系统协调发展，全社会形成资源节约的增长方式和健康文明的消费模式。基本形成节约能源、资源和保护环境的产业结构、增长方式、消费模式，坚持环境保护与经济发展相协调，使经济增长与主要资源消耗量和主要污染物排放量脱钩，将经济社会发展的环境代价降到最低程度，统筹安排生活、生态、生产，寻求最佳的社会效益、生态效益、经济效益，实现环境保护与经济社会发展相融合的永续发展。

未来中国有一个绿色梦想，从局部生态盈余走向全面生态盈余，真正实现"天人合一"、"天人互益"、"天人和谐"。当十几亿中国人民一起行动起来，一起创新起来，我们就会使梦想成真。

---

① 国家重点生态功能区包括大小兴安岭森林生态功能区等 25 个地区。总面积约 386 万平方公里，占全国陆地国土面积的 40.2%；2008 年年底总人口约 1.1 亿人，占全国总人口的 8.5%。

② 参见《全国主体功能区规划》（2010 年 12 月 21 日）。

第五章

绿色发展规划

> 人类的发展有了几十万年，在中国这个地方，直到现在方才取得了按照计划发展自己的经济和文化的条件。自从取得了这个条件，我国的面目就将一年一年地起变化。每一个五年将有一个较大的变化，积几个五年将有一个更大的变化。[1]
>
> ——毛泽东（1955）

> 人类的未来取决于人类当前的选择。人类不是盲目地塑造灾难的未来，就是自觉地建设美好的未来。[2]
>
> ——胡鞍钢（1989）

---

[1] 毛泽东：《红星集体农庄的远景规划》一文按语，见《建国以来毛泽东文稿》，第5册，503页，北京，中央文献出版社，1991。

[2] 作者与王毅、牛文元代表中国科学院生态环境研究中心预警小组所作《生态赤字：未来时期中华民族生存的最大危机——中国生态环境状况分析》（1989年8月），见中国科学报社编：《国情与决策》，190页，北京，北京出版社，1990。

五年规划是政府有形之手的重要体现，是中国特色社会主义市场经济运行的重要手段，诚如邓小平所言，"计划和市场都是经济手段"①。国家发展规划是为全民全社会提供整体知识，调控政府在经济、社会、自然等领域的职能。它是中国引领发展的航海图，也是设计中国发展的蓝图，在促进中国发展方式转型，走向绿色发展道路的过程中，发挥着重要的指导作用和推动作用。

从1953年开始，中国学习和借鉴了苏联五年计划的方法，开始制定五年计划。从那时开始算起，中国已经连续制定并完成了十一个五年计划，并于2011年制定和开始实施"十二五"规划。改革开放以来，中国五年规划已经逐步转型为战略规划。与计划经济时期相比，计划的性质已经发生了根本的改变，从引进，模仿，修正，再到改革与创新，逐步从经济指令计划转型为发展战略规划，由经济计划转向全面发展规划，由微观干预领域转向宏观调控领域，由经济指标为主转向公共服务指标为主。②五年规划的定位是："主要阐明国家战略意图，明确政府工作重点，引导市场主体行为，是未来五年我国经济社会发展的宏伟蓝图，是全国各族人民共同的行动纲领，是政府履行经济调节、市场监管、社会管理和公共服务职责的重要依据。"③

在五年规划属性转型的同时，五年规划本身转型为绿色规划，绿色发展的内容比重逐步上升，绿色发展的重要性也不断提高，绿色发展指标的比重不断提高。"资源环境指标"（与绿色发展直接密切相关）占比则从"六五"计划开始就呈现出持续增长

---

① 邓小平：《在武昌、深圳、珠海、上海等地的谈话要点》（1992年1月18日—2月21日），见《邓小平文选》，第3卷，373页，北京，人民出版社，1993。
② 参见胡鞍钢、鄢一龙、吕捷：《从经济指令计划到发展战略规划：中国五年规划转型之路（1953—2009）》，载《中国软科学》，2010（8）。
③ 《中华人民共和国国民经济和社会发展第十一个五年规划纲要》（2006年3月）。

的态势，其中"十五"、"十一五"和"十二五"时期的增长幅度最大，特别是"十二五"规划更是成为中国也是全世界 200 多个国家和地区中第一个绿色发展规划。

中国的五年规划如何从"黑色规划"转变成"绿色规划"？如何从量变（"九五"计划、"十五"计划）走向部分质变（"十一五"规划），再量变，最终质变成绿色规划（"十二五"规划）？主体功能区规划以及其他专项规划如何体现了绿色发展的思想？中国的规划如何引导绿色发展？中国绿色发展的规划经验又有哪些？

本章从规划历史、"十一五"规划评估、"十二五"规划评价、国家主体功能区规划四个部分来讨论和回答上述问题。我们的研究表明，中国绿色规划的成功之道是：规划之手灵活、有弹性，充分应用"看得见的手"来补充而不是替代"看不见的手"，以整体知识来补充而不是替代分散知识，以公共激励来补充而不是替代私人激励；规划之手富有智慧，决策过程集思广益，不断科学化、民主化；规划之手不断调适，从"黑色规划"不断转向"绿色规划"；规划之手有力道，形成了一整套行之有效的规划执行体制；规划之手有合力，不同类型"看得见的手"之间相互配合而不是相互抵消。我们把中国五年规划称为"中国创新"。

一、国家规划引导绿色发展[①]

五年计划从黑色发展向绿色发展的转型经历了一个较长的演

[①] 本节参阅胡鞍钢：《"十二五"规划：再上新台阶》（2010 年 11 月 5 日），载《国情报告》，2010（36）；胡鞍钢、鄢一龙、王亚华：《中国发展的十一个台阶："一五"计划——"十一五"规划》（2010 年 11 月 12 日），载《国情报告》，2010（38）。

变过程，同时也是一个复杂的曲折过程。从 20 世纪 50 年代初开始，中国直接学习和模仿了苏联的五年计划，开始制定中国的第一个五年计划。到目前已经制定了十二个五年计划或五年规划，长达 60 年的时间。历次五年计划的主要目标和基本任务都是要促进中国经济发展和社会进步，但是不同时期五年计划的思路和重点却不尽相同，基本框架和具体指标也不相同。从总体上看，中国五年计划由经济计划转变为战略规划，由经济计划转向全面发展规划，由黑色发展计划转向可持续发展计划，再转向绿色发展规划。这一历史演变过程可划分为四个阶段：

1. 黑色发展的五年计划时期（"一五"——"五五"）：这段时期中国一共经历了五个五年计划，各个五年计划的主要任务是发展工农业，推动中国工业化，并在"五五"期末，总体上实现了建成独立的、比较完整的工业体系和国民经济体系的目标。同时，历次五年计划都把重工业摆在了优先发展的位置，"一五"计划提出了重工业优先，"二五"计划提出"以钢为纲"，"三五"、"四五"出于备战考虑，也将重工业作为基础，"五五"急于求成，又搞了个"洋跃进"。这就使得中国五年计划引导的工业化道路是高投入、高消耗、高排放的黑色工业化道路。同时由于计划经济本身的弊端，造成了能源、资源的大量浪费，突出表现为单位 GDP 能耗、单位 GDP 碳排放不断上升，于 1978 年前后达到高峰（见图 5—1 和图 4—2）；各类自然资产损失占 GDP 比重持续上升，在 1981 年达到最高峰（见图 4—3）。因此这一时期的五年计划本质上不仅是经济计划，资源价格扭曲，资源利用效率低下，而且还是黑色工业化、黑色发展的五年计划。

2. 初步转型期（"六五"——"八五"）：改革开放以来，随着中国经济体制转型，五年计划本身也发生了很大的变化，逐步由指令性计划转向指导性计划，由经济计划转向经济社会发展计划。同时，五年计划也逐步摆脱黑色计划模式，开始初步转型，单位 GDP 能耗、单位 GDP 碳排放持续下降（见图 5—1 和图 4—2），自然资产损失占 GDP 比重也出现持续下降（见图 4—3）。"六五"计划开篇明义地指出，这是"走社会主义现代化经济建设新路子的五年计划"。不同于过去以经济建设速度为中心来安排计划的老路子，而是通过"贯彻执行调整、改革、整顿、提高的方针，使国民经济走上稳步发展的健康轨道"，要求"社会总产品和国民收入的增长速度，以提高经济效益为前提"。"七五"计划提出要走内涵型为主的扩大再生产的路子。"八五"计划提出坚持开发与节约并重的方针，把节约放在突出位置。同时，这一时期，五年计划开始强调能源资源集约利用，并将能源资源利用作为五年计划的主要目标之一，制定了相关量化指标。

3. 可持续发展阶段（"九五"——"十五"）："九五"计划首次提出了两个转变，即经济体制从计划经济体制向社会主义市场经济体制转变和"经济增长方式从粗放型向集约型转变"，首次提出实施可持续发展战略。首次提出国家目标：到 20 世纪末，力争环境污染和生态破坏加剧趋势得到基本控制，部分城市和地区环境质量有所改善；2010 年基本改变生态环境恶化的状况，城乡环境有比较明显改善。① 中国开始进入由黑色发展转向可持续发展的时期。"九五"计划的绿色发展指标比重提高到 11.8%，这在很大程度上促进了"九五"时期中国经济发展方式的初步转

---

① 参见《中共中央关于制定国民经济和社会发展"九五"计划和二〇一〇年远景目标的建议》（1995 年 9 月 28 日中国共产党第十四届中央委员会第五次全体会议通过）。

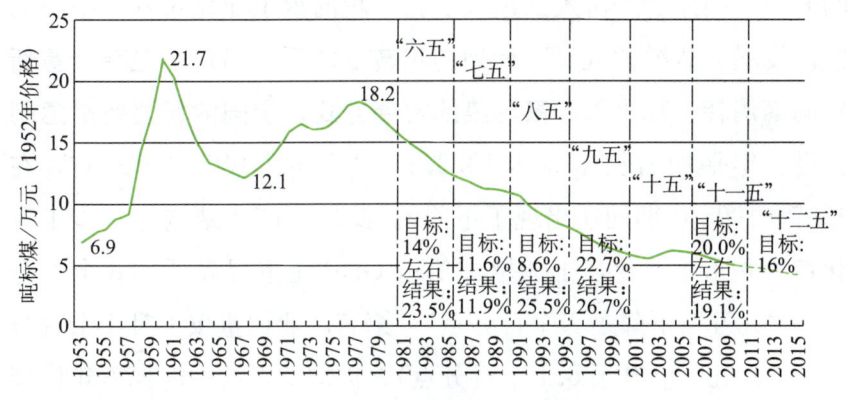

图 5—1　中国单位国内生产总值能源消耗量（1953—2015）

资料来源：国家统计局国民经济综合统计司编：《新中国五十五年统计资料汇编》，北京，中国统计出版社，2005；国家统计局：《中国统计年鉴（2009）》，北京，中国统计出版社，2009。《中华人民共和国国民经济和社会发展第六个五年计划（1981—1985）》；《中华人民共和国国民经济和社会发展第七个五年计划（1986—1990）》；《中华人民共和国国民经济和社会发展十年规划和第八个五年计划纲要》；《中华人民共和国国民经济和社会发展"九五"计划和二〇一〇年远景目标纲要》；《中华人民共和国国民经济和社会发展第十一个五年规划纲要》；《中华人民共和国国民经济和社会发展第十二个五年规划纲要》。

变，单位GDP能耗大幅度下降，主要污染物排放量开始减少，自然资产损失占GDP比重降至最低点（见表4—3）。同时，这一时期GDP依然保持着8.6%的年均增长率，出现了新中国少有的经济增长与资源环境协调发展的黄金时期。

"十五"计划再次明确"实施可持续发展战略，是关系中华民族生存和发展的长远大计"①。五年计划进一步转向可持续发展，绿色指标比重进一步提高到16.7%，环境保护和生态建设指标首次成为国家五年规划的主要指标。与此同时，随着消费结构

---

① 《中共中央关于制定国民经济和社会发展第十个五年计划的建议》（2000年10月11日中国共产党第十五届中央委员会第五次全体会议通过）。

的升级，中国的经济发展进入了新一轮的重工业化过程，中国的经济发展方式继"九五"计划初步转变之后，**出现了逆转，重新转向高消耗、高投入、高污染的发展方式**，全国能源消费量急剧上升，年平均增长率高达10.2%（"九五"仅为1%左右，在1997—1998年期间还出现了下降）。此外，产业结构进一步工业化特别是重工业化，工业增加值占GDP比重提高了1.8个百分点（"九五"下降了1个百分点），第三产业比重仅上升1个百分点（"九五"上升了6.1个百分点）。再加上，这一时期五年计划指标的调控功能被弱化，中国没能完成削减主要污染物排放的指标，化学需氧量和二氧化硫的排放量不降反升，自然资产损失占GDP比重不断上升（见图4—3）。

4. 转向绿色发展（"十一五"——"十二五"）："十一五"规划是科学发展观指导下的第一个五年规划，其中与绿色发展相关的指标占29.6%，"十一五"规划特别凸显了节能和环保目标。"十二五"规划是中国第一个全面转向绿色发展的五年规划，绿色发展指标比重高达44.9%（见表5—1）。这表明，五年规划的色彩基调正变得越来越"绿"，五年规划已经成为绿色规划，同时也引领中国变为绿色中国。

表5—1　　五年计划（规划）不同类型绿色发展指标的比重（"六五"——"十二五"）

		"六五"	"七五"	"八五"	"九五"	"十五"	"十一五"	"十二五"
资源集约利用类指标（个）		1	1	2	2	3	5	5
环境保护类指标（个）	口径a	0	0	0	0	3	2	4
	口径b	0	0	0	0	3	1	1
生态建设类指标（个）	口径a	0	0	0	0	2	1	2
	口径b	0	0	0	0	2	1	1
应对气候变化类指标（个）		0	0	0	0	0	0	1

续前表

		"六五"	"七五"	"八五"	"九五"	"十五"	"十一五"	"十二五"
绿色发展指标合计（个）	口径 a	1	1	2	2	8	8	12
	口径 b	1	1	2	2	8	7	8
绿色发展指标比重（单位:%）	口径 a	3	3.6	7.7	11.8	16.7	29.6	44.9
	口径 b	3	3.6	7.7	11.8	16.7	26.9	33.3

说明：口径 a 为实际指标数，口径 b 为合并后的主要指标数。"十一五"规划中环境保护类实际指标有 2 个，主要指标将 2 个合并为污染物排放 1 类，为 1 个。"十二五"规划中环境保护类实际指标有 4 个，主要指标将 4 个合并为主要污染物排放 1 类，为 1 个；生态建设类实际指标有 2 个，主要指标将 2 个合并为森林资源 1 类，为 1 个。

二、"十一五"规划：转向绿色发展[①]

"十一五"规划（2006—2010 年）是 2003 年中央提出科学发展观之后的第一个五年规划。该规划凸显了"必须加快转变经济增长方式"的基本原则，承认"我国土地、淡水、能源、矿产资源和环境状况对经济发展已构成严重制约"，提出"要把节约资源作为基本国策，发展循环经济，保护生态环境，加快建设资源节约型、环境友好型社会"[②]。

"十一五"规划不仅首次将国家发展目标根据政府责任和市场机制的不同划分为约束性指标和预期性指标，经济发展指标所

---

① 本节参阅胡鞍钢：《"十一五"规划实施"答卷"取得 86 分》（2011 年 1 月 26 日），载《国情报告》，2011（9）。

② 《中共中央关于制定国民经济和社会发展第十一个五年规划的建议》（2005 年 10 月 11 日中国共产党第十六届中央委员会第五次全体会议通过），见《十六大以来重要文献选编》（中），1064 页，北京，中央文献出版社，2006。

占比重降至历史最低水平，而且节能减排及环境保护相关指标比重提升至历史最高水平，绿色发展指标数共 16 个，其中绿色发展的直接指标为 12 个，间接指标为 4 个，优先指标为 11 个，次优先指标为 5 个，充分体现了转向绿色发展。(见表 5—2)

从完成情况来看，"十一五"规划的最优先指标中有 8 个绿色发展直接指标，全部完成，"十一五"规划推动中国转向实现绿色发展的目标：森林覆盖率达到 20.36%，森林蓄积净增 11.23 亿立方米，年均净增 2.25 亿立方米，碳汇能力居世界首位①；耕地保有量控制在 1.2 亿公顷；单位工业增加值用水量提前 1 年完成规划所规定的下降 30% 的目标；工业固体废物综合利用率达到 66.7%，提前实现 60% 的规划目标；城镇污水处理率由 2005 年的 52% 提高到 2010 年的 82.3%；二氧化硫排放总量累计减少 14.29%，化学需氧量排放总量累计下降 12.45%，超额实现 10% 的规划目标；单位 GDP 能耗下降 19.1%，基本实现规划目标。(见表 5—2)

与此同时，也有 1 个次优先的绿色发展指标未完成，即灌溉用水总量零增长的目标没能实现。同时，绿色发展间接相关的产业结构优化升级的目标未能如期实现。2010 年服务业增加值占 GDP 比重为 43.1%，未能实现达到 43.5% 的目标；2010 年服务业就业占总就业比重为 34.6%，无法如期实现 35.4% 的目标。根据商务部服务贸易司估计，2010 年服务贸易进出口总额为 3 645 亿美元，未能实现规划提出的 4 000 亿美元的目标；2010 年研究与试验发展经费支出占 GDP 比重达到 1.76%，未达到 2% 的预期目标。(见表 5—2)

---

① 据中国林科院依据第 7 次森林资源清查结果和森林生态定位监测结果评估，我国森林植被总碳储量达到了 78.11 亿吨。森林生态系统年涵养水源量达到了 4 947.66 亿立方米，年固土量达到了 70.35 亿吨，年保肥量达到了 3.64 亿吨，年吸收大气污染物量达到了 0.32 亿吨，年滞尘量达到了 50.01 亿吨。

表 5—2 "十一五"规划绿色发展相关指标实施情况（2006—2010）

类别	指标	属性	层次	2005	2010	2010规划值	完成率（%）
直接指标	单位GDP能源消耗降低（%）	约束性	优先	—	[19.1]	[20左右]	95.5
	单位工业增加值用水量降低（%）	约束性	优先	—	[36.7]	[30]	122.3
	农业灌溉用水有效利用系数	预期性	优先	0.45	0.5	0.5	100
	工业固体废物综合利用率（%）	预期性	优先	55.8	66.7	60	259.5
	耕地保有量（亿公顷）	约束性	优先	1.220 8	1.212	1.2	良好
	二氧化硫排放总量减少（%）	约束性	优先	—	[14.29]	[10]	142.9
	化学需氧量排放总量减少（%）	约束性	优先	—	[12.45]	[10]	[124.5]
	森林覆盖率（%）	约束性	优先	18.21	20.36	20	119.4
	灌溉用水总量（亿立方米）		次优先	3 580	3 689	零增长	未完成
	新增水土流失治理面积（万平方公里）	—	次优先	—	[23]	[20]	115
	城市污水处理率（%）		次优先	52	82.3	≥70	168.3
	城市生活垃圾无害化处理率（%）		次优先	51.7	77.9	≥60	315.7
间接指标	服务业增加值比重（%）	预期性	优先	40.5	43.1	43.5	86.7
	服务业就业比重（%）	预期性	优先	31.4	34.6	35.4	80.0

续前表

类别	指标	属性	层次	2005	2010	2010规划值	完成率(%)
间接指标	研究与试验发展经费支出占GDP比重（%）	预期性	优先	1.32	1.76	2.0	64.7
	服务贸易进出口额（亿美元）		次优先	1 571	3 645b	4 000	91

注：[ ] 表示五年累积数。

数据来源：农业灌溉用水有效利用系数来源于水利部发展研究中心：《2010水利发展报告》；服务贸易进出口额为商务部服务贸易司估计数，见商务部网站；其他数据均来自《中国统计年鉴（2011）》。

需要说明的是，"十一五"规划的一个重要创新是将政府责任的目标定义为约束性指标，并规定："本规划确定的约束性指标，具有法律效力，要纳入各地区、各部门经济社会发展综合评价和绩效考核。"[①] **绿色发展的6个约束性指标都顺利完成。**[②] 同时，与"十五"计划相比较，所有的约束性指标都得到了显著改善，耕地减少趋势减缓，资源、能源利用效率提高，污染排放量减少。这清楚地表明引入约束性指标对于政府实施目标和行为有着明显的约束性，从而促使政府转型，有力地推动国民经济和社

---

① 见全国人大2006年3月14日通过的《中华人民共和国国民经济和社会发展第十一个五年规划纲要》第48章。

② 温家宝总理在对《国民经济和社会发展第十一个五年规划纲要（草案）》进行说明时指出：《纲要（草案）》提出了"十一五"期间单位国内生产总值能源消耗降低20%左右、主要污染物排放总量减少10%等目标。这是针对资源环境压力日益加大的突出问题提出来的，体现了建设资源节约型、环境友好型社会的要求，是现实和长远利益的需要，具有明确的政策导向。尽管实现这一目标的难度很大，但我们有信心、有决心完成。（参见温家宝：《政府工作报告》（2006年3月5日），见全国人大财政经济委员会办公室、国家发展和改革委员会发展规划司编：《建国以来国民经济和社会发展五年计划重要文件汇编》，18页，北京，中国民主法制出版社，2008。）

会发展纳入绿色发展的轨道。

除"十一五"规划对绿色发展提出明确指标外，国家还建立起节能目标责任制以影响地方政府和企业的节能行为。各级政府纷纷出台政策措施，制定政策法规，促进了市场发展，各类企业也加大了节能改造和节能投资的力度。由政府主导，构建节能服务市场和可再生能源发展市场，缓解了中小企业在节能融资方面的困难。从"十一五"各地区的完成情况来看，北京、湖北、天津、重庆等地区均超额完成了单位GDP能耗的目标值，其他大部分省份和地区均完成了目标值（见表5—3）。这也表明，各地区在"十一五"规划纲要的指导下，已经初步走上了绿色发展道路。总体来说，地方政府为中国向绿色发展转型作出了重要贡献。

表5—3 "十一五"时期各地区单位GDP能耗完成情况

分类	地区	目标值（降低%）	实际值（降低%）	实际值/目标值
超额完成地区	北 京	20.00	26.59	1.33
	湖 北	20.00	21.67	1.08
	天 津	20.00	21.00	1.05
	重 庆	20.00	20.95	1.05
	黑龙江	20.00	20.79	1.04
	山 西	22.00	22.66	1.03
	内蒙古	22.00	22.62	1.03
	福 建	16.00	16.45	1.03
	广 东	16.00	16.42	1.03
	云 南	17.00	17.41	1.02

续前表

分类	地区	目标值（降低%）	实际值（降低%）	实际值/目标值
完成地区	江 苏	20.00	20.45	1.02
	湖 南	20.00	20.43	1.02
	安 徽	20.00	20.36	1.02
	四 川	20.00	20.31	1.02
	广 西	15.00	15.22	1.01
	甘 肃	20.00	20.26	1.01
	陕 西	20.00	20.25	1.01
	海 南	12.00	12.14	1.01
	河 南	20.00	20.12	1.01
	河 北	20.00	20.11	1.01
	宁 夏	20.00	20.09	1.00
	山 东	22.00	22.09	1.00
	贵 州	20.00	20.06	1.00
	青 海	17.00	17.04	1.00
	江 西	20.00	20.04	1.00
	吉 林	22.00	22.04	1.00
	辽 宁	20.00	20.01	1.00
	浙 江	20.00	20.01	1.00
	上 海	20.00	20.00	1.00
	西 藏	12.00	12.00	1.00
未完成地区	新 疆	20.00	8.91	0.45

资料来源：各省目标及完成情况见《国家发改委、国家统计局关于"十一五"各地区节能目标完成情况的公告》，新疆维吾尔自治区完成情况见《"十二五"节能减排综合性工作方案》。

此外，"十一五"期间中国应对气候变化政策也取得了重要进展。"十一五"时期，中国累计节能6.3亿吨标准煤，相当于减少二氧化碳排放14.6亿吨。国内外普遍认为，"十一五"时期中国在能源与环境政策上的长足进展证明了中国未来在绿色发展以及发展低碳产业上的巨大潜力和美好前景。英国前气候变化首席大臣尼古拉斯·斯特恩爵士2010年曾经评论道："中国已经在现有的低碳市场中占据了很大的份额，并且将来还会进一步增长","中国在这场（低碳）革命中将很有可能扮演领军者的角色，并且会给全球和自身带来很多的益处。"①

三、"十二五"规划：以绿色发展为主题②

"十二五"规划进一步转向绿色发展，成为中国第一个绿色发展规划，实现了"黑色发展规划"向"绿色发展规划"的量变到部分质变，再到进一步量变，进而全部质变的转变。从五年规划的指标构成来看，"十二五"规划进一步增加了气候变化指标，绿色发展指标比重达到43%，促使"经济—自然—社会"系统全面转向绿色发展（见表5—4）。"十二五"规划专设"绿色发展 建设资源节约型、环境友好型社会"一篇，将"绿色发展"作为生态建设原则。提出要把大幅降低能源消耗强度和二氧化碳排放强度作为约束性指标，合理控制能源消费总量，提高能源利用效率，调整能源消费结构，提高森林覆盖率，增强固碳能力。"十二五"规划成为中国首部绿色发展规划和中国参与世界绿色革命的行动方案规划，成为21世纪上半叶中国绿色现代化的历史起点。

首先，绿色发展指标的比重大幅度上升。就优先指标来看，资

---

① 2010年10月31日尼古拉斯·斯特恩在上海世博会高峰论坛上作出该评论，见http://www.zgjrw.com/News/2011322/home/833652896400.shtml。

② 本节参阅胡鞍钢：《对"十二五"规划纲要的评价：创新科学发展宏伟蓝图》（2011年2月14日），载《国情报告》，2011（12）；胡鞍钢、梁佼晨：《中国绿色发展战略与"十二五"规划》（2011年2月25日），载《国情报告》，2011（16）。

源环境指标由"十一五"的7个,占31.8%,提高到"十二五"的8个,占33.3%;如果以实际指标数来看,绿色发展相关指标共12个,占了42.9%。另外,还有1个提高服务业增加值比重指标,以及4个教育科技指标,这些指标都间接促进了绿色发展,绿色发展的直接指标和间接指标达到了17个,占主要指标的60.7%。

表5—4 "十二五"规划纲要绿色发展主要指标

类别	指标	属性	重要性	2010	2015规划值	累积变化
绿色增长	服务业增加值比重(%)	预期性	优先	43	47	[4]
	单位GDP能源消耗降低(%)	约束性	优先	—	—	[16]
	单位国内生产总值二氧化硫排放总量减少(%)	约束性	优先	—	—	[17]
	研究与试验发展经费支出占GDP比重(%)	预期性	优先	1.76	2.2	[0.44]
	每万人口发明专利量(件)	预期性	优先	1.7	3.3	[1.6]
绿色财富	耕地保有量(亿亩)	约束性	优先	18.18	18.18	[0]
	单位工业增加值用水量降低(%)	约束性	优先	—	—	[30]
	农业灌溉用水有效利用系数	预期性	优先	0.5	0.53	[0.03]
	森林蓄积量(亿立方米)	约束性	优先	137	143	[6]
	森林覆盖率(%)	约束性	优先	20.36	21.66	[1.3]
	化学需氧量排放总量(万吨)		优先	2 551.7	2 343.4	−204.3
	二氧化硫排放总量(万吨)	约束性	优先	2 267.8	2 086.4	−181.4
	氨氮排放总量(万吨)		优先	264.4	238.0	−26.4
	氢氧化物(万吨)		优先	2 273.6	2 046.2	−227.4
	资源产出率提高(%)		次优先	—	—	[15]
	地级以上城市空气质量达到二级标准以上的比例(%)		次优先	72	80	[8]

续前表

类别	指标	属性	重要性	2010	2015规划值	累积变化
绿色财富	高效节水灌溉面积（万亩）		次优先	—	—	[5 000]
	单位国内生产总值建设用地下降（%）		次优先	—	—	[30]
	绿色能源县（个）		次优先	—	200	—
	改良草原（亿亩）		次优先	—	[3]	—
	人工种草（亿亩）		次优先	—	[1.5]	—
绿色福利	人口平均预期寿命（岁）	预期性	优先	73.5	74.5	[1]
	孕产妇死亡率（个/10万）		次优先	30.0	22	[−8]
	城镇新增就业人数（万人）	预期性	优先	—	—	[4 500]
	城镇保障性安居工程建设（万套）	约束性	优先	—	—	[3 600]
	农村居民人均纯收入（元）	预期性	次优先	5 919	8 310	[2 391]
	婴儿死亡率（‰）		次优先	13.1	12	[−1.1]
	新增农村安全饮用水人口（亿）		次优先	[1.7]	[3]	—
	农村困难家庭危房改造（万户）		次优先	—	[800]	—
	全国保障性住房覆盖面积（%）		次优先	—	20左右	—

注：带［］的为五年累计数。

资料来源：《中华人民共和国国民经济和社会发展第十二个五年规划纲要》(2011年3月)；《国家环境保护"十二五"规划》(2011年12月15日)；国家统计局编：《中国第三产业统计年鉴（2011）》，北京，中国统计出版社，2011。

　　其次，充分强调经济系统—自然系统—社会系统全面公平和谐可持续地发展，以绿色增长带动绿色福利和绿色财富。"十二五"规划是绿色规划，充分体现在绿色增长、绿色财富、绿色福利都在动态增长。这在"十二五"的指标体系中得到集中体现（见表5—4）。具体而言，在绿色增长方面，规划中包括服务业增加值、单位GDP能源消耗降低等指标；在绿色福利方面，包括人口平均预期寿命、城镇新增就业人数、城镇保障性安居工程建设、农村居民人均纯收入等指标;在绿色财富方面,包括耕地保有量、森林增长、污染排放等指标。纲要还分专门章节讨论了具体的绿色发展政策:推广绿色建筑、绿色施工;拓展金融服务业,发展绿色经济;发展绿色矿业,树立绿色、低碳发展理念,倡导绿色生活方式,推行政府绿色采购等配套政策措施。① 这充分体现了从黑色发展到绿色发展是"经济—自然—社会"系统的全面转型。

第三,明确了绿色发展的激励约束机制。规划首次将"深化资源型产品价格和环保收费改革"作为五年规划改革攻坚的方向。② 要求强化节能减排目标责任考核,合理控制能源消费总量,把绿色发展贯穿经济活动的各个环节。通过完善资源性产品价格形成机制、推进环保制度改革、建立健全资源环境产权交易机制等政策措施,激励企业发展转型,促进企业走上绿色发展道路,推动企业成为绿色发展的主体,实现国家绿色规划和企业绿色发展的合力,最终推动市场的绿色转型。

第四,首次明确提出积极应对全球气候变化。"十二五"规划首次明确提出"积极应对全球气候变化",作为第六篇的第一章。③ 制定了到2015年减少单位 GDP 二氧化碳排放量、增加非化石能源消费比重的量化指标,以及增加森林覆盖率、林木蓄积量、新增加森林面积固碳能力的量化指标。这充分反映了中国特色的控制温室气体排放、增强适应气候变化能力的特点。从中国与世界关系的角度来看,中国应当站在世界的减排前列,为全人类作出绿色贡献,实现"同一个世界,同一个梦想,同一个

---

①② 参见张平主编:《中华人民共和国国民经济和社会发展第十二个五年规划辅导读本》,北京,人民出版社,2011。

③ "十一五"规划的提法是"合理利用海洋和气候资源",并作为第六篇的最后一章。

行动"① 的目标。这是打破目前全球气候变化僵局的一个基本思路，即建立以大国为主导的全球治理新框架、新机制。

四、主体功能区规划：重塑绿色中国经济地理

我国辽阔的陆地国土和海洋国土，是中华民族繁衍生息和永续发展的家园。为了我们的家园更美好、经济更发达、区域更协调、人民更富裕、社会更和谐，为了给我们的子孙留下天更蓝、地更绿、水更清的家园，中国对国土空间进行了长远规划，实施主体功能区战略。②

主体功能区战略是指根据不同区域的资源承载能力、现有开发强度和发展潜力，统筹谋划人口分布、经济布局、国土利用和城镇化格局，确定不同区域的主体功能，并据此明确开发方向，完善开发政策，控制开发强度，规范开发秩序，逐步形成人口、经济、资源环境相协调的国土空间开发格局。③

《中华人民共和国国民经济和社会发展第十一个五年规划纲要》首次提出我国实施主体功能区规划。④ 2007年10月，党的

---

① 所谓"同一个世界"是指，中国是世界的一部分，世界也从来没有像现在这样需要中国。所谓"同一个梦想"是指，中国有史以来首次与世界有了同一个梦想，这个梦想就是积极应对全球气候变化，稳定全球气候，使全球平均温度上升不超过工业化前的2℃。所谓"同一个行动"指的就是与世界同行，共同减排。中国应带头主动减排，带头履行可测量、可报告、可核查的减排行动，增加更多的信息透明度，使世界更加客观地了解中国最严厉的减排行动。

② 参见《全国主体功能区规划》（2010年12月21日）。

③ 参见张平主编：《〈中华人民共和国国民经济和社会发展第十二个五年规划纲要〉辅导读本》，514页，北京，人民出版社，2011。

④ 《"十一五"规划纲要》第二十章规定："根据资源环境承载能力、现有开发密度和发展潜力，统筹考虑未来我国人口分布、经济布局、国土利用和城镇化格局，将国土空间划分为优化开发、重点开发、限制开发和禁止开发四类主体功能区。"

十七大报告提出：今后五年要"加强国土规划，按照形成主体功能区的要求，完善区域政策，调整经济布局"。到 2020 年，主体功能区布局将基本形成。主体功能区成为 21 世纪上半叶我国一项重大的区域发展战略。我们将它视为"中国创新"，即在世界第一人口大国、世界第三国土大国、世界最复杂的生态环境下，制定科学开发国土空间的远景蓝图和行动纲领，实行因地制宜、分类管理的区域政策，共同呵护人类赖以生存的地球家园，对人类发展作出重大的"绿色贡献"。

《全国主体功能区规划》将国家主体功能区分为四类：优化开发区、重点开发区、限制开发区和禁止开发区。前两类区域是城市群，主体功能是支撑经济增长，提供经济产品；后两类区域是生态重要性突出的乡村地区，主体功能是保障生态安全，提供生态产品。划分这四类功能区是从空间布局上对城乡、区域、人与自然关系进行统筹的重大举措。[1]

主体功能区的核心理念是要打破地方"GDP 挂帅"的发展模式，该规划摒弃"只见物、不见人"的发展理念和模式，实现人口、经济、资源环境的协调[2]，**提出了因地制宜，分类发展、分类开发、分类考核、分类政策的理念**。根据区域和国土空间的不同特点来确定其主体功能，提供不同的产品。对于城市化地区，进行优化开发和重点开发，主要提供工业品和服务业产品，也就是 GDP 产品；对于农产品主产区，进行限制开发，主要提供农产品，也就是混合产品；对于重点生态功能区，进行限制开发和禁止开发，主要提供生态产品，也就是绿色产品（见图 5—2）。

---

[1] 原国家发改委副主任陈德铭在 2007 年 5 月惠州会议上指出，推进形成主体功能区是"落实科学发展观，统筹城乡发展、统筹区域发展、统筹人与自然和谐发展的重大举措，关系到我国经济社会发展的全局和中华民族的长远发展。"（详见陈德铭：《全面贯彻落实科学发展观　扎实推进全国主体功能区规划编制工作》，载《中国经济导报》，2007-06-30。）

[2] 参见马凯：《实施主体功能区战略　科学开发我们的家园》，载《求是》，2011(17)。

这就由提供 GDP 一种产品变为提供 GDP 产品、混合产品、绿色产品三种产品。同时，GDP 产品本身也不断地变绿，不但创造 GDP 是发展，提供绿色产品也是发展；不但创造 GDP 是政绩，提供绿色产品是更大的政绩。按照不同的主体功能，制定不同的发展目标、实施不同的考核机制以及构建不同的配套政策。

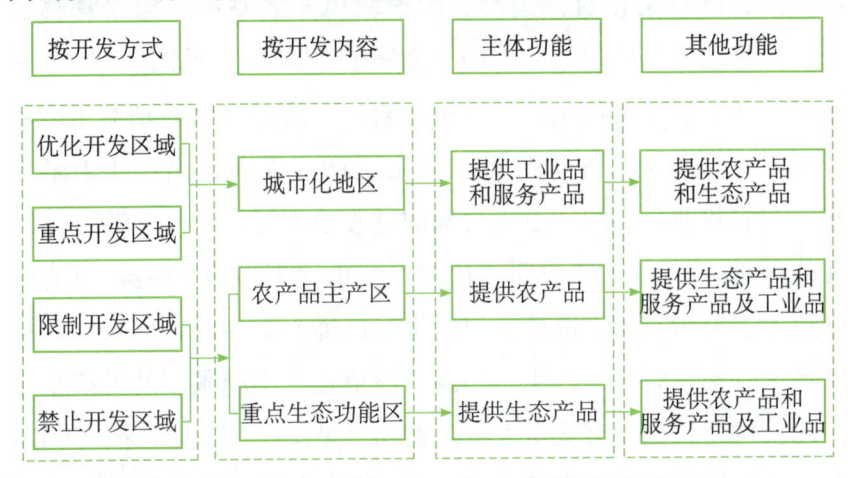

按开发方式	按开发内容	主体功能	其他功能
优化开发区域	城市化地区	提供工业品和服务产品	提供农产品和生态产品
重点开发区域			
限制开发区域	农产品主产区	提供农产品	提供生态产品和服务产品及工业品
禁止开发区域	重点生态功能区	提供生态产品	提供农产品和服务产品及工业品

图 5—2　主体功能区分类及其功能

资料来源：《全国主体功能区规划》（2010 年 12 月 21 日）。

限制开发区和禁止开发区体现了《全国主体功能区规划》提供生态产品的绿色理念。这包括绿色需求理念[1]，绿色发展理念[2]，绿色产品理念[3]。提出限制开发区与禁止开发区战略是要

---

[1] 人类需求既包括对农产品、工业品和服务产品的需求，也包括对清新空气、清洁水源、宜人气候等生态产品的需求。（见《全国主体功能区规划》（2010 年 12 月 21 日）。）

[2] 保护和扩大自然界提供生态产品能力的过程也是创造价值的过程，保护生态环境、提供生态产品的活动也是发展。（见《全国主体功能区规划》（2010 年 12 月 21 日）。）

[3] 总体上看，我国提供工业品的能力迅速增强，提供生态产品的能力却在减弱，而随着人民生活水平的提高，人们对生态产品的需求在不断增强。因此，必须把提供生态产品作为发展的重要内容，把增强生态产品生产能力作为国土空间开发的重要任务。（见《全国主体功能区规划》（2010 年 12 月 21 日）。）

限制或禁止人类不恰当的开发活动，保障我国生态屏障的骨干与网络。这是关系中华民族长远生存与发展的大战略。国家限制开发区构成了我国生态屏障骨干，形成我国的生态屏障格局。国家禁止开发区构成了我国生态屏障分散的网络[①]，包括国家级自然保护区、世界文化自然遗产、国家级风景名胜区、国家森林公园、国家地质公园，总共占国土面积的 11.5%（见图 5—3）。禁止开发区的战略定位是保护为主，禁止经济与社会活动对生态环境的干扰与破坏，保护自然、文化遗产。规划提出，在未来十年，在农牧业分界线，三大阶梯的过渡地带等，以"三带"（"三北防护林带"、东北森林带、南方丘陵山地带）和"两屏"（青藏高原生态屏障、黄土高原—川滇生态屏障）为屏障，以大江大河水系为骨架，以各重点生态功能区为依托，实施限制开发或禁止开发，构建我国生态安全大战略格局（见图 5—4）。未来二十年，我国生态系统将更加稳定。到 2020 年，全国主体功能区布局基本形成[②]；到 2030 年，全国生态安全屏障体系基本建立，中华民族大家园将呈现生产空间集约高效，生活空间舒适宜居，生态空间山青水碧，人口、经济、资源环境相协调的美好情景。

[①] 全国禁止开发区域是指有代表性的自然生态系统、珍稀濒危野生动植物物种的天然集中分布地、有特殊价值的自然遗迹所在地和文化遗址等，是需要在国土空间开发中禁止进行工业化城镇化开发的重点生态功能区。根据法律法规和有关方面的规定，国家禁止开发区域共 1 443 处，总面积约 120 万平方公里，占全国陆地总面积的 12.5%。今后新设立的国家级自然保护区、世界文化自然遗产、国家级风景名胜区、国家森林公园、国家地质公园，将自动进入国家禁止开发区域名录。（见《全国主体功能区规划》（2010 年 12 月 21 日）。）

[②] 参见《全国主体功能区规划》（2010 年 12 月 21 日）。

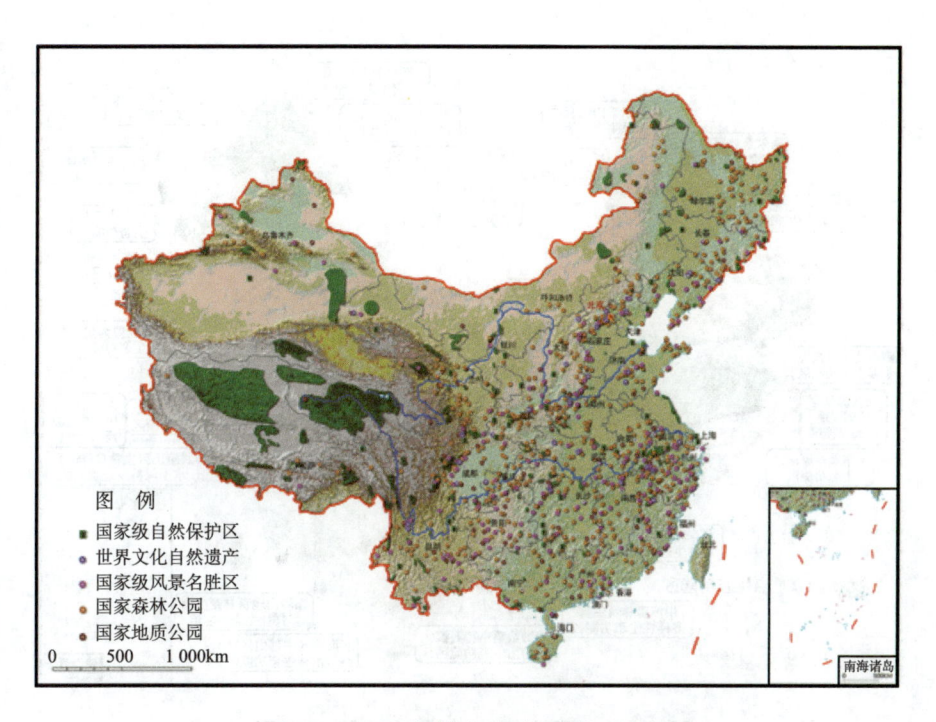

图 5—3　国家禁止开发区域示意图

资料来源:《全国主体功能区规划》(2010 年 12 月 21 日)。

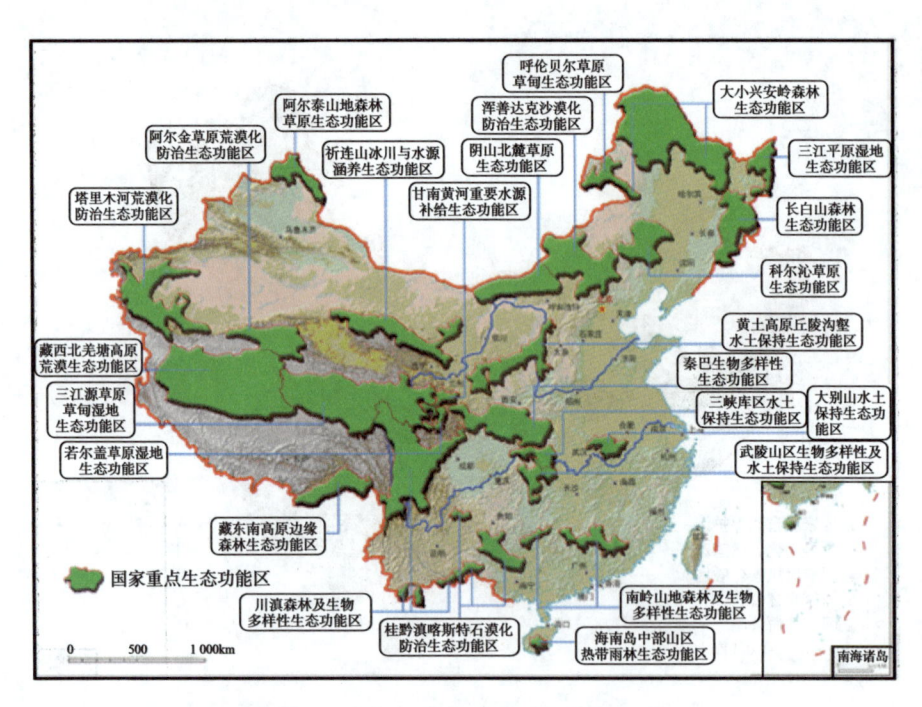

图 5—4　国家重点生态功能区示意图

资料来源：《全国主体功能区规划》(2010 年 12 月 21 日)。

五、中国绿色发展规划之道[①]

五年规划是中国绿色发展的规划之道，对引导中国绿色发展发挥重要作用，要坚持五年规划，进一步改进和设计五年规划，规划变绿中国就会变绿。总结中国五年规划经验，主要有以下几点：

第一，充分应用看得见的规划之手来补充而不是替代看不见的市场之手，两只手共同发挥作用。[②] 市场与规划各有所长，两者不是对立的关系，而是互补的关系。在私人物品和分散知识领域，通过微观经济活动市场化、贸易自由化，实现规划干预最小化、经济发展活力最大化。在公共物品、整体知识方面，规划干预不但不能弱化，还要进一步强化。发展规划已经成为市场友好型、市场补充型，在提供公共物品、整体知识方面弥补市场失灵缺憾，规划与市场共同实现全社会净福利最大化。因此，要进一步强化应用规划之手。

第二，规划制定的延续性与调适性。 人类发展与自然之间的

[①] 本节参阅胡鞍钢、鄢一龙：《关于"十二五"规划编制的三点建议》（2010 年 11 月 9 日），载《国情报告》，2010（37）；胡鞍钢：《中国特色的公共决策民主化——以制定"十二五"规划为例》（2010 年 9 月 28 日），载《国情报告》，2010（30）。

[②] 温家宝总理指出："既要发挥市场这只看不见的手的作用，又要发挥政府和社会监管这只看得见的手的作用。两手都要硬，两手同时发挥作用，才能实现按照市场规律配置资源，也才能使资源配置合理、协调、公平、可持续。"（温家宝：《用发展的眼光看中国——在剑桥大学的演讲》，新华网，英国剑桥 2009 年 2 月 2 日电。）

矛盾是长期存在的，而矛盾的具体方面随着时代背景变化而变化，发展规划、发展政策也要作出相应的调整。中国的五年规划是"政策长期稳定性和调适性"的重要实现手段。中国也是世界上能够沿着同一发展方向，按照自身最优的逻辑和发展路径，持续不断地追求国家长期发展战略和长期目标的少数国家之一，并且也成功地避免了因为政治或体制的动荡而导致战略、政策的不延续性甚至"推倒重来"。

第三，规划在国家战略中体现出"分步走、上台阶"的发展逻辑。这一逻辑本身实际上也是我国过去几十年来最重要的发展成功经验之一，也是中国绿色发展的必由之路。这就是中国社会主义现代化建设的方法论，每隔五年即每个五年规划就要迈上一个新台阶，而经过若干个五年规划的持续努力，积累下来就是"中国巨变"。中国需要每个五年中根据具体的国情以及长期的战略制定出恰当的发展目标，实现一个"上台阶"，最终通过这三个五年规划的努力，实现绿色发展战略2020年"分步走"的中期目标。这便是中国五年规划政策逻辑与绿色发展战略的完美结合。

第四，集思广益的规划制定模式。中国中央政府的规划制定过程的本质是基于民主集中制原则的，是反复的"民主、集中；再民主、再集中"的过程。从各方参与角度看，是一个"参与、共识；再参与、再共识"的过程；从形成纲要文本来看，是一个"讨论、修改；再讨论、再修改"的过程。它是一个集思广益的过程，即通过一定的程序和机制安排以集中代表着不同方面观点的参与者的智慧，不断优化政策文本的决策过程。从决策的质量来看，这一决策模式有效的原因在于：决策者面临的是分散的不充分信息、参与者的多元利益、有限的决策理性，而"集思广益"可以收集分散的信息，克服信息不对称，并达成政治共识，同时克服个人决策上的片面性与主观性。从决策民主来看，这一决策模式有效的原因在于：集思广益可以充分发挥民主，形成有效的决策共识，避免陷入决策僵局。

第五，规划之手有力度，形成了一整套行之有效的规划执行体制。[①] 为了完成"十一五"规划绿色发展目标，逐渐形成了一系列的制度安排，实行节能目标责任制，明确各级政府的节能目标，确定地方主要领导人的责任，强化节能统计、监测体系，将政府绩效考核与节能目标挂钩。在合同能源管理方面，建立ESCO融资担保平台，缓解中小企业融资困难。为建立可再生能源制度，颁布通过了《中华人民共和国可再生能源法》，规定了一系列可再生能源制度，包括总量目标制度、强制上网制度、分类电价制度、费用分摊制度和专项资金制度，提高政府干预和引导功能。强化规划监测评估是保障规划落实的重要制度安排。通过对五年规划实施情况的中期评估，及时提出调整方案，对五年规划进行再调整，以保障五年规划目标的实现。

第六，规划之手有合力，不同类型的看得见的手之间相互配合而不是相互掣肘。中国已经形成了引导绿色发展的分级分类规划体系：一是五年规划，引导国民经济和社会发展纳入绿色发展轨道；二是国土空间的绿色发展规划，包括国家主体功能区规划、全国生态功能区划以及区域生态功能区规划等；三是国家专

---

① 英国前首相布莱尔在2011年发表的《中国"自下而上"推动低碳增长》一文中曾评价中国的国家规划："中国制定的目标非常具有挑战性，绝非轻而易举就可完成。但中国是个'言必行'的国家，一旦制定了目标，它就会信守承诺，直至最后完成目标。而在我们的政治文化里（指西方的政治文化），确定目标有时就是表达一种大体上的愿望而已。"

项绿色规划，包括可再生能源发展"十二五"规划（国家能源局，2011年12月15日）、国家环境保护"十二五"规划（国务院印发，2011年12月15日）、国家水利发展"十二五"规划（国务院批发，2012年3月）、国家综合防灾减灾"十二五"规划（国务院办公厅批发，2011年11月26日）等；四是地方绿色规划，包括省级、地市级、县级的绿色发展规划。因此中国的绿色规划体系，仿佛是来自不同方面、不同层级的规划之手，相互补充，形成合力，推动中国加速转向绿色发展。

总之，进入21世纪，中国不仅进入经济发展的战略机遇期，也进入生态建设的战略机遇期，更重要的是在全球率先进入绿色发展时代。"十一五"规划初步转向绿色规划，中国发展初步纳入科学发展、绿色发展轨道。"十二五"规划全面转向绿色规划，中国发展将基本纳入科学发展、绿色发展轨道。未来的"十三五"规划将完全转向绿色规划，中国发展将全面纳入科学发展、绿色发展轨道。

中国的绿色发展之道，就是以绿色发展理念创新，引导绿色发展战略创新；以绿色发展规划创新，引导绿色发展实践创新。正是五年规划不断"变绿"，才强有力地推动中国"变绿"。因此，五年规划是中国的显性优势[1]，不仅为绿色发展描绘了宏伟蓝图，还是实现发展目标的行动纲领。

---

[1] 世界银行集团多边投资担保机构亚太局局长凯闻认为："中国模式"有四个系统优势，其中重要的一个就是政府愿意而且有能力计划和干预经济事务。（参见凯闻：《中国模式：为什么斯蒂芬·罗奇只对了一半》，载《华尔街日报》，2011-12-06。

第六章

地方绿色实践

人的正确思想是从哪里来的？是从天上掉下来的吗？不是。是自己头脑里固有的吗？不是。人的正确思想，只能从社会实践中来。①

——毛泽东（1963）

真知源于实践，政策来自群众，创新来自地方。②
——胡鞍钢（2010）

---

① 毛泽东：《人的正确思想是从哪里来的？》（1963年5月），见《毛泽东文集》，第8卷，320页，北京，人民出版社，1999。
② 胡鞍钢主编：《科学发展观的方法论：以重庆为例》，"序言"，北京，党建读物出版社，2010。

"真知来源于实践"。它是指认识和理论是"从实践中来",再"到实践中去"。诚如毛泽东同志所说:"认识从实践始,经过实践得到了理论的认识,还须再回到实践去。认识的能动作用,不但表现于从感性的认识到理性的认识之能动的飞跃,更重要的还须表现于从理性的认识到革命的实践这一个飞跃。"① "一般的说来,成功了的就是正确的,失败了的就是错误的"②。实践既是检验真理的标准,也是检验谬论的标准。

"创新来自于地方"。它是指创新的发明是"从地方中来",创新的实践是"到地方中去"。这是邓小平同志所提倡的中国改革创新的方法论。1978年安徽、四川等省大胆进行家庭联产承包责任制的农业改革,争议十分激烈,但是这一地方创新及时得到了邓小平的明确支持。他主张并积极鼓励地方创新,用新概念、新思路解决农业问题③,因而也就形成了中国特有的创新方法论。

以上两个观点,构成了中国绿色创新方法论。它们之间的内在逻辑是:有什么样的社会实践,就会产生什么样的社会理论;有什么样的社会理论,就会指导什么样的社会实践。无论是实践还是理论,它们都是不断创新的实践或理论,否则实践就不会进步,理论就不会发展。我们必须看到,无论实践创新还是理论创新都是一项风险活动,并不能自动成功,在许多情况下常常会出现失败,但总会在多次失败之后有新的发现和新的成功。在这一

---

① 毛泽东:《实践论》(1937年7月),见《毛泽东选集》,2版,第1卷,292页,北京,人民出版社,1991。
② 毛泽东:《人的正确思想是从哪里来的?》(1963年5月),见《毛泽东文集》,第8卷,320页,北京,人民出版社,1999。
③ 参见王瑞璞主编:《中南海三代领导集体与共和国经济实录》,710页,北京,中国经济出版社,1998。

过程中，创新就成为最有意义、最有价值的实践和理论成果。每一轮实践和理论创新的成果诞生，又意味着新一轮的实践和理论创新的开始。

面对绿色发展大潮，地方如何破题？如何绿色转型？毛泽东同志曾讲过，没有调查，没有发言权。调查就像"十月怀胎"，解决问题就像"一朝分娩"。认识中国的创新就需要大量的调研，行走中国，阅读中国，书写中国。不同类型的地区面临不同的绿色发展挑战，因此也产生出不同的绿色创新。本章选取了北京、重庆和青海三地，将它们的绿色发展创新实践整理成案例，在勾勒地方绿色创新之"路"的同时，探讨地方绿色转型的创新机制，寻找地方绿色转型的创新出路，进而揭示中国绿色发展之"道"。

一、绿色北京：建设世界级绿色现代化之都[①]

我们可以预期，到 2020 年真正的"绿色北京"将展现在世人的面前。我们希望北京率先在中国建成绿色现代化的特大城市，为中国绿色现代化提供宝贵的成功经验。[②]

——作者调研手记，2009 年

2008 年中国北京举办了一场无与伦比的奥运会，国际形象

[①] 本节基于作者对北京市的两份调研报告，胡鞍钢、熊义志：《北京如何在全国"两个率先"》（2007 年 3 月 25 日），载《国情报告》，2007（14）；胡鞍钢：《创新绿色北京实践，率先实现绿色现代化》（2009 年 11 月 17 日），载《国情报告》，2009（33）。

[②] 胡鞍钢：《创新绿色北京实践，率先实现绿色现代化》（2009 年 11 月 17 日），载《国情报告》，2009（33）。

大幅提升[①]，并提出了"人文奥运"、"科技奥运"、"绿色奥运"的响亮口号。奥运之后，北京将自身城市发展的基本理念定位为"人文北京"、"科技北京"、"绿色北京"[②]，努力把北京建设成为繁荣、文明、和谐、宜居的首善之区，努力将21世纪的北京建设成为具有世界示范意义和中国典型意义的"绿色现代化世界大都市"。

这一定位和战略目标的提出，标志着北京迈向新的绿色发展阶段，是对科学发展观的创新实践，是前瞻性的创新型发展模式。可以说，绿色转型创新的北京，是中国发达地区和大中型城市绿色现代化的领先者和示范者。

绿色北京建设将充分提升城市发展水平，改善经济发展环境，提高北京市居民满意度。北京是中国的首都，又是世界少数特大型城市之一，因此北京的绿色现代化必然会产生巨大的正外部性和示范效应。从国内角度看，北京经济与人口的增长率先与碳排放脱钩，并率先实现碳排放下降，将成为全国所有城市发展模式转型的榜样；从国际角度看，北京迅速成长为世界级特大型城市的同时又是"最绿色"的城市，成为世界各国特大型城市学习的榜样。

与已经完成现代化进程的发达国家特大型城市相比，北京还处于现代化进程之中，具有明显的"后发优势"和特有的"人才集聚优势"，是塑造中国绿色城市化的典型样本和中国绿色现代化的杰出代表。当然，在这一过程中，北京仍然要主动学习国内

[①] The Beijing Olympic Games are "truly exceptional Games," said International Olympic Committee (IOC) President Jacques Rogge at the Games' closing ceremony staged in the National Stadium in north Beijing on Sunday night.

[②] 参见刘淇：《建设"人文北京、科技北京、绿色北京"》，载《求是》，2008（23）。

其他城市的创新经验和世界其他大城市的成功经验，集成创新、综合创新、自主创新出符合北京市情的世界级特大型城市的绿色现代化之路。

北京的绿色现代化之路并不平坦，而是充满了挑战，面临着各种不利条件。北京进入城市化和消费结构升级的加速期，城市人口规模、产业发展规模和建筑规模不断增加，水、建设用地、能源等资源需求也将持续刚性增长。北京人均水资源等刚性指标均居世界大型城市后列。作为资源能源高度依赖外埠的城市，今后一段时期，北京将在资源能源供应安全、利用效率等方面面临较大压力。而在有限的空间内，建设用地需求量不断增加与土地可用量不断减少的矛盾也将进一步凸显，亟须提高土地利用效率。

北京市人均环境面临着严峻的挑战。一方面，随着收入水平提高，北京居民对于人居环境需求不断提高。另一方面，PM2.5已经成为社会关注的热点。随着北京机动车保有量连年加速增长，汽车尾气排放已成为空气质量下降的重要原因，而内蒙、宁夏等地干涸湖泊、退化草场等沙尘源的存在，每到冬春季节冷暖气流入侵时又会带来浮尘扬沙天气，进一步加剧了空气污染对人体健康的损害。

那么，北京绿色发展之路是什么？北京如何实现绿色现代化？如何成为世界级的绿色之都？北京如何变绿？

（一）绿色北京路线图

进入新世纪以来，北京借着迎接奥运会的契机，绿色奥运的春风也吹绿了北京。

北京已经形成了绿色生产体系。2010年，北京的服务业比重已经高达75%，可再生能源利用量占能源消费总量的比重达到3.2%，煤炭消费总量由2005年的3 069万吨，下降到2010年的

2 635万吨，单位GDP能耗与2000年相比下降了50%。

北京已经初步形成绿色消费体系。消费方式更绿色，到2008年二级及以上能效产品市场占有率为30%；居住更绿色，到2008年节能建筑占现有民用建筑的比例已经达到51.8%；出行更绿色，到2010年中心城区公共交通出行比例达到40.1%；生活更绿色，到2010年生活垃圾资源化率达到41%，再生水利用率达到60%。

北京已经拥有绿色的生态环境。北京的主要污染物排放量持续下降。到2010年，北京的空气质量二级和好于二级天数占全年的比例已经达到78.4%，林木绿化率达到55.0%，人均绿地面积为15平方米。（见表6—1）

北京已经是中国的绿色之都，根据《2011中国绿色发展指数年度报告——省际比较》[1]，北京的绿色发展指数以明显优势在全国排名第一[2]。

表6—1　"绿色北京"建设指标体系（2005—2015）

		指标名称	单位	2005	2008	2010	2015目标	指标性质
绿色生产	1	新能源和节能环保产业销售收入总额	亿元	—	958	—	2 000	引导性
	2	煤炭消费总量	万吨	3 069	—	2 635	<2 000	约束性
	3	可再生能源利用量占能源消费总量比重	%	0.8	2.5	3.2	6	约束性

---

[1] 北京师范大学科学发展观与经济可持续发展研究基地：《2011中国绿色发展指数年度报告——省际比较》，北京，北京师范大学出版社，2011。

[2] 根据该报告的绿色发展指标体系，在经济增长绿化度、资源环境承载力、政府政策支持度（所占权重分别为30%、45%和25%）三大类共计55个基础性指标中，北京在这三大类指标上的得分分别列全国第1位、第12位和第1位，最终以0.791 7的总得分名列榜首，紧随其后的是青海、浙江、上海和海南。

续前表

		指标名称	单位	2005	2008	2010	2015目标	指标性质
绿色生产	4	万元地区生产总值能耗下降	%	—	—	26.59	17	约束性
	5	万元地区生产总值二氧化碳排放下降	%	—	—	—	18	约束性
	6	万元地区生产总值水耗降低	%	—	—	40.46	15	约束性
	7	资源产出率提高	%	—	—	—	15	引导性
绿色消费	8	二级及以上能效产品市场占有率	%	—	30	—	≥80	引导性
	9	重点食品安全监测抽查合格率	%	—	—	—	≥98.5	约束性
	10	节能建筑占现有民用建筑的比例	%	—	51.82	—	67	约束性
	11	中心城区公共交通出行比例	%	—	36.8	40.1	50	引导性
	12	生活垃圾资源化率	%	20	35	41	55	约束性
		其中：居住小区生活垃圾分类达标率	%	—	—	—	80	引导性
	13	再生水利用率	%	30	57	60	75	约束性
生态环境	14	空气质量二级和好于二级天数的比例	%	64.1	—	78.4	80	约束性
	15	二氧化硫排放总量减少	%	—	—	39.73	13.4	约束性
	16	氮氧化物排放总量减少	%	—	—	—	12.3	约束性

续前表

	指标名称	单位	2005	2008	2010	2015目标	指标性质
生态环境	17	化学需氧量排放总量减少	%	—	—	20.67	8.7	约束性
	18	氨氮排放总量减少	%				10.1	约束性
	19	全市林木绿化率	%	50.3		55	57	约束性
	20	人均公共绿地面积	平方米	12	—	15	16	引导性

展望未来，北京还将进一步变绿，北京将从中国的绿色发展之都迈向世界绿色现代化之都。2010年3月，北京市发布《绿色北京行动计划（2010—2012年）》，2010年8月，发布《北京市"十二五"时期绿色北京发展建设规划》，这表明北京在全国绿色发展中先行一步，率先绿色创新。结合这两个规划，我们进一步设计"绿色北京"建设的两步走战略：

第一步，到2020年建成绿色现代化的世界城市。 经济发展方式实现转型升级，绿色消费模式和生活方式全面弘扬，宜居的生态环境基本形成，将北京初步建设成为生产清洁化、消费友好化、环境优美化、资源高效化的绿色现代化世界城市。

第二步，到2030年建成绿色现代化的世界之都。 成为世界知识创新、科技创新基地；成为世界高等优质教育基地和文化创新基地；成为国际旅游名城；百分之百地使用优质能源、清洁能源；二氧化硫、二氧化碳排放量持续性减少；绿色生态空间比重进一步扩大，成为世界上绿色生态空间最大的城市。

（二）北京如何变绿？

那么，北京是如何变绿的？未来的北京如何进一步变绿？北京变绿还需要统筹考虑绿色发展的三大系统，即自然系统、经济系统和社会系统。既要积累自然系统绿色财富（生态盈余），还要发展绿色经济，还要提供广泛的、公平的社会福利（绿色福利）。北京的变绿是360度的全方位的变绿，**打造三大绿色发展体系，包括绿色生产体系、绿色生活体系、绿色生态体系**。

绿色北京的三大体系是三位一体、相辅相成的。核心目标是使北京正在加速进行中的工业化、城市化、信息化、基础设施现代化以及国际化变得"绿色、绿色、再绿色"。使北京人口增长、经济增长与资源消耗、污染排放脱钩，在全国率先减缓进而减少碳排放，在世界特大城市中率先发展绿色经济，使用绿色能源，创新绿色技术，倡导绿色健康的生活方式和消费方式。

第一是建设北京绿色生产体系，包括：

○ 北京的产业不断地变绿。改革开放之初，北京是重工业占主导地位的城市。到1979年，北京重工业总产值占工业增加值的比重高达63.7%，仅次于辽宁，居全国第二位。[1] 改革开放后，中央认识到北京不适合建设成一个重工业城市，要求北京不再通过发展重工业来建设"经济中心"。[2] 从20世纪90年代中期开始，北京用了十多年的时间就从一个工业主导的城市，转变为一个现代服务业主导的城市。1990年北京的服务业增加值占地区生产总值的比重只有38.8%，1995年首次超过一半，为52.3%，到2010年上升至75%。与此同时，服务业占总就业人口的比重在1992年超过第二产业，为43.6%，到2000年提高到

---

[1] 参见《北京经济定位及发展目标》，见中国国土资源网（http://www.clr.cn/front/read/read.asp? ID=36570）。

[2] 1983年中央对《北京城市建设总体规划方案》的批复。

54.6%，到 2010 年提高到 74.4%（见表 6—2）。这两个比重均在全国居首位，大大超过天津和上海①，成为中国最大的现代服务业城市，形成以服务业为主导的现代产业发展格局。

○ **北京的生产不断地变绿。**北京单位 GDP 能耗在 2000—2010 年期间累计下降了 53.4%②；同期服务业增加值累计提高 10 个百分点左右，平均每年提高近 1 个百分点；同时北京单位 GDP 能耗在全国也是最低的，上海则比北京高出 22.3%，天津更是高出 41.9%。③ 北京节水工作也取得显著成效，万元 GDP 用水量由 2005 年的 49.5 立方米下降到 2010 年的 29.4 立方米，下降 40%，用水效率国内领先；同时经济增长与水资源使用量脱钩，2001 年总用水量为 38.9 亿立方米，到 2010 年为 35.2 亿立方米。北京能源结构调整成效显著，2010 年，天然气、电力等优质能源消费占全市能源消费比重提高到 70%，煤炭消费比重比 2005 年下降了 11%。

未来北京的产业还要进一步"变绿"、"变高"（附加值），发展绿色工业。所谓"绿色工业"，就是指能耗低、排放低、污染少、高技术、高附加值的工业，能够实现工业产出增长，碳排放脱钩，即碳排放大大低于工业增长。能源要变绿，要优化能源生产结构，提高清洁能源、可再生能源的比重，由"黑色能源"转变为"绿色能源"。要形成绿色产业新的增长点，打造完善的绿色生产体系，成为中国最大的绿色工业、低碳工业基地。

---

① 1994 年，北京服务业增加值占 GDP 比重为 46.99%，高于上海 39.56% 的水平，相差 7.43 个百分点；2010 年，北京服务业增加值占 GDP 比重为 75.11%，上海为 57.28%，几乎相差 20 个百分点。

②③ 参见《北京统计年鉴（2011）》电子版。

表 6—2　　北京市服务业比重与单位 GDP 能耗（1978—2010）

年份	服务业占总就业人口比重（%）	服务业增加值占 GDP 比重（%）	工业增加值占 GDP 比重（%）	万元地区生产总值能耗（吨标煤）	煤炭占能源消费比重（%）
1978	31.6	23.7	64.5	—	—
1980	32.8	26.8	62.5	13.71	—
1985	36.3	33.3	50.8	8.60	—
1990	40.6	38.8	43.8	5.41	63.60
1995	48.7	52.3	35.0	2.34	54.64
2000	54.6	64.8	26.7	1.31	46.86
2005	66.6	69.1	24.8	0.80	—
2008	72.5	73.2	21.0	0.66b	34
2010	74.4	75.0	19.6	0.61b	29.3a

数据来源：北京统计局编：《北京统计年鉴》（历年），北京，中国统计出版社；国家统计局编：《中国统计摘要（2011）》，北京，中国统计出版社，2011；国家统计局国民经济综合统计司编：《新中国六十年统计资料汇编》，北京，中国统计出版社，2010；a 数据来源于北京市发展和改革委员会：《北京市能源发展报告（2011）》；b 数据按地区生产总值 2005 年价格计算。

第二是建设北京绿色生活体系，包括：

○ **倡导绿色的生活方式和消费方式。**2010 年全市再生水利用量达到 6.8 亿立方米，比 2005 年的 2.6 亿立方米增加了 1.6 倍，超过地表水供水量，成为城市重要水源。发挥绿色政务的率先垂范作用，以培育绿色商务环境为基础，以提升全民环保意识为切入点，充分调动社会各方力量，针对产品上市、市场流通、消费行为全过程，大力推进绿色产品和服务供给，努力培育绿色生活方式和消费方式，逐步创建先进文化引领的绿色消费体系。

○ **北京交通"变绿"，成为中国最清洁的交通枢纽和网络体系。**"十一五"期间公交客运量提高 33%，公共交通出行比例提高到 40.1%，还实现了城乡公共交通全覆盖。①调整市区和道路停车费，开征夜间停车道路占用费，用于发展公共交通设施，鼓

---

① 参见《北京市"十二五"时期重大基础设施发展规划》。

励更多居民使用公共交通，进一步提高公共交通系统日出行比例；实施国家第四阶段机动车排放标准①，淘汰所有旧式公交车、出租车、邮政车、环卫车、卡车等。加快建设北京市内轨道交通和周边城际快速铁路。

第三是建设北京绿色生态体系，包括：

○ **治理污染让北京天更蓝，水更清。**"十一五"期间，北京持续加强大气污染治理，空气质量显著改善，城市空气质量二级及好于二级天数的比例达到78%，比2005年提高14个百分点。"十一五"期间，北京生活垃圾无害化处理能力和水平进一步增强，2010年城市生活垃圾处理能力提升到1.7万吨/日，无害化处理率达到96.7%；中心城区污水处理率达到95%，新城污水处理率达到90%。

○ **加大生态建设，使北京大地"变绿"。**在筹办北京奥运会的七年间，北京城区绿色生态空间明显扩大，如城市绿地②，2010年全市林木覆盖率提高到53%。北京还兴建多层次城市森林、滨河森林公园、绿化隔离地区郊野公园，建设开放式城市休闲公园，形成"山区绿屏、平原绿网、城市绿景"的三大生态屏障。

同时，高度重视并积极参与京津冀生态圈建设，为北京生态环境的进一步优化提供良好的外部大环境。京津冀地区共建生态屏障、水源涵养地、后花园、空气净化器和绿色农产品基地，在京津冀区域实施高标准生态建设，实现沙漠化土地治理、水源涵养、空气水净化、区域绿化、农产品安全，为全国生态建设开创

---

① 北京在全国率先执行机动车国Ⅳ排放标准和车用燃油国Ⅳ标准。

② 在筹办北京奥运会的七年间，北京城区新增城市绿地1万多公顷，已初步实现了500米范围内见公园绿地的目标。主要道路、河道绿化率达到100%，500多条道路的绿化景观水平得到大幅提升。人均绿地面积达到48平方米，人均公共绿地达到12.6平方米。在郊区，全市共新增人工造林15.41万公顷，京津风沙源治理工程完成造林营林面积25.52万公顷，七年累计义务植树2 200万株，相当于新建了15个颐和园。

新模式。

总之,北京"绿"起来,就是发展模式的根本转变,也是科学发展实践的重大创新。它既是一项宏大的发展目标,也是一项长期的发展任务。北京在人均 GDP 超过 1 万美元之后,开始进入新的历史发展阶段,即加速绿色现代化的阶段。它的核心是,在加速中的工业化、城市化、信息化、基础设施现代化以及国际化的进程中,变得"绿色、绿色、再绿色"。这就需要针对全球气候变化的巨大挑战,努力创新绿色发展模式,**使北京人口增长、经济增长与碳排放脱钩,在全国率先减缓进而减少碳排放,在世界特大城市率先发展绿色经济,使用绿色能源,创新绿色技术,倡导绿色健康的生活方式和消费方式**。我们可以预期,到 2020 年,真正的"绿色北京"将展现在世人的面前。我们希望北京率先在中国建成绿色现代化的特大城市,为中国绿色现代化提供宝贵的成功经验。绿色北京是继绿色奥运之后的又一次创新,也是绿色中国的地方创新,不仅为中国绿色发展和绿色现代化提供宝贵经验,而且也将为世界各国提供重要借鉴。

二、森林重庆:西部绿色崛起之星[①]

"重庆案例"或"重庆经验",给我们提供了贯彻和实践

---

① 本节基于作者对于重庆市的多份调研报告,包括胡鞍钢:《绿色发展实践——以"森林重庆"为例》(2009 年 9 月 3 日),载《国情报告》,2009(28);胡鞍钢、陈升、童旭光:《一个地方如何发展和定位:以重庆为案例》(2009 年 12 月 23 日),载《国情报告》,2009(39);胡鞍钢:《真知源于实践 创新来自地方》,载《国情报告》,2010(22)。

科学发展观的方法论，就是充分体现了"真知来源于实践"、"政策来自于群众"、"创新来自于地方"。①

——作者调研手记，2010 年

重庆位于中国西部、长江上游三峡库区腹心地带，有着3 000 多年的城市历史，总面积 8.24 万平方公里，辖 19 个区、21 个县（含自治县），常住人口 2 800 多万人。2010 年，全市地区生产总值达到 7 800 亿元，GDP 增速在全国排列第 2 位，人均生产总值迈上 4 000 美元新台阶。

重庆作为我国中西部地区唯一的直辖市，也是国务院确定的全国统筹城乡综合配套改革试验区，是中国正在构建的八大中心城市之一，也是正在打造的长江上游经济中心、西部地区交通枢纽。重庆多山，山区面积占了 2/3 以上，地区生态尤其是三峡库区生态十分脆弱，属全国 8 个石漠化重点省市之一，岩溶土地分布于 37 个区县（自治县），占辖区面积的 39.7%，也是全国四大地质灾害多发区之一，还是水土流失的重点地区。

因此，在城市经济迅速发展的同时，重庆也面临着如何解决好环境问题、不断改善市民生活质量、彻底提升重庆大城市品质，如何让山区群众科学可持续地"靠山吃山"、发挥林地最大效益、拓展大农村群众增收致富渠道，如何维护三峡库区生态安全、彻底改变长江上游生态脆弱的局面、确保长江千秋安澜等问题，这些都是重庆需要思考的重大战略问题。

建设"森林重庆"是实践科学发展观的具体体现，在生态建设特别是林业建设方面作出了重要的创新，既实现了便民、惠民、富民，更提升了城市形象，丰富了城市内涵。这是重庆市根

---

① 胡鞍钢：《真知源于实践　创新来自地方》，载《国情报告》，2010 (22)。

据国内外背景、自身历史背景以及世界形势所提出的高质量的应对方案,符合"挑战—应战"模式,可以给后任留下生态政绩、为后人留下生态资本、为全国贡献生态服务,这比重庆 GDP 增长对重庆和全国的贡献(2010 年占全国 GDP 的比重为 1.98%)要大得多、重要得多。因此,**绿色转型创新的重庆,是中国中西部地区绿色现代化**,特别是林业发展的引领者和示范者。

(一)森林重庆历史:U 形曲线

历史地看,重庆生态资本的变化情况是一个典型的"U"形曲线,是全国生态资本变化的一个缩影。重庆在历史上属于森林资源极其丰富、生态盈余的地区。近代,伴随人口的自然增长和规模迁入,大量树木被砍伐,重庆的森林覆盖率大幅度下降,出现了严重的"森林赤字"。

根据重庆市林业局提供的数据,在明朝洪武初年(约 1368—1370 年),重庆市 15 平方公里的森林覆盖率超过了 80%;到 1929 年,重庆市 18 平方公里的城区森林覆盖率下降到 60% 左右;在"大跃进"的"大炼钢铁"号召下,森林被一砍而光,1960 年森林覆盖率几乎为零,这在全国可能是破坏最为严重的也是极其罕见的;之后开始有所恢复,但到 1980 年,重庆的辖区面积内仍然只有 8% 的森林覆盖率;到 1997 年达到 20%,2007 为 33%,预计到 2017 年可以达到 45%。从这个意义上看,今日的"森林重庆"建设是有其历史记录、历史记忆和历史基因的,重庆一定会再现历史上的"森林重庆",还其青山绿水之貌。

(二)森林重庆今天:林业建设的引领者

根据重庆市林业局的统计,自 2008 年提出"森林重庆"建设目标以来,重庆累计造林 1 688.8 万亩,占 2 200 万亩总任务的 76.8%，其中新造林 1 081.9 万亩，低效林改造 606.9 万亩。累计投入资金 402.8 亿元，种植各类苗木 15.5 亿株，使重庆成为全国种树最多、树种最为丰富的城市。2011 年，重庆荣获唯一省级"生态中国城市奖"和首个"森林之都"商标注册申报权，重庆市北碚区成功申报全国唯一"国家森林城市标准化示范区"。到 2011 年 10 月，与国家森林城市创建标准相比较，重庆市 38 项指标全部达标，其中森林覆盖率、建成区绿地率、人均公园绿地面积等大幅超过指标要求。**重庆市政府在"森林之都，江山之城，幸福重庆"的主题统领下推进六大森林工程建设。(见专栏 6—1)**

专栏 6—1　森林重庆六大工程

○ **城市森林工程**：既注重规模提升，又注重精品打造，初步建成具有江城、山城特色的城市森林。种"大"树，建"大"公园，建"大"广场，建"大"屏障。新建环城森林屏障 52.1 万亩，将重庆主城掩映在"四山"生态屏障之中。区县城周基本实现了"森林围城"，全市共有 316 条城市干道和重要交通节点完成绿化升级。

○ **农村森林工程**：将绿化荒山与建设基地相结合，坚持生态和产业两手抓，兴林富民，搞荒山森林化、产业多元化、旅游精品化和林下经济规模化。采取人工造林与飞播造林相结合的方法，绿化荒山 250 多万亩，重点搞好高速公路两侧可视范围内荒山的整体绿化和已落实林权的荒山绿化。培育各类林业产业基地 1 339 万亩，引入加工企业，延长产业链，各下辖县基本形成了工业原料林、速生丰产林和地方农林特色产品种植专业分工、造福一方的格局。

○ **通道森林工程：着力扩展林带、提升档次，基本做到行车见绿。** 三年来，重庆全市实施通道绿化2万公里，其中"二环八射"高速公路绿化2 000公里，9 500公里国省道基本绿化，重庆通往周边城市的高速公路两侧已形成完整的景观林带。不断延伸的"绿色纽带"，成为展示重庆投资新环境，改革试验新高地，宜居、宜业、宜游新形象的重要窗口。

○ **水系森林工程：着力编织绿网，涵养水源，为辖区流域孕育生机。** 三年来，重庆围绕乌江、嘉陵江及区县绕城河等重要水源地，加大江河水系绿化力度。渝北建成温塘河、御临河等6个万亩绿化示范区；巫溪县投资超过1亿元建成柏杨河水体公园，长寿湖打造超过10万亩柑橘基地和5 000亩湖岸森林公园。水系绿化的改善还带来了极高的生态正外部性，吸引了包括国际濒危鸟类中华秋沙鸭在内的众多鸟类落脚栖息。

○ **长江两岸森林工程：充分动员社会力量，快速推进沿江林区建设。** 2010年，重庆启动"绿化长江 重庆行动"，利用社会造林捐资，建设示范片23个。2011年，又投资6.2亿元，在三峡库区17个区县175米库岸线到第一层山脊，提前实施25度以上坡耕地退耕还林31万亩。自2008年以来，重庆累计投入资金38.8亿元，在长江两岸造林170万亩，为稳定重庆流域长江水含泥沙量作出了重要贡献。

○ **苗圃基地工程：着力打造苗木培育产业，实现规模效益。** 三年来，重庆立足西部地区"苗木仓库"定位，打造种苗基地达40万亩，新建林苗一体化基地10万亩，其中上千亩的苗圃基地32个，5 000亩以上的特大型苗圃5个。据重庆市林业局统计，到2011年10月，全市在圃苗木达16亿株，苗木总产值达116.8亿元，比2007年增长了14.6倍，不仅满足了"森林重庆"建设的需要，更为群众增收致富打造了新的朝阳产业。

资料来源：重庆市林业局。

（三）森林重庆未来：生态文明示范区

2008年7月，重庆市委三届三次全体会议正式提出实施"森林重庆"建设工程，把大规模植树造林作为改善全市以及长江上游生态环境、提高城市竞争力的重要举措。

2008年重庆市提出用十年时间（2008—2017年）投资500亿元建设"森林重庆"，重庆市从本地多山湿润的自然地理条件出发，从改善全市生态环境、实现人居环境的发展目标出发，明确提出了"变荒山为青山"、"变穷山为宝山"、"变火炉为氧吧"①的"森林重庆"建设思路，并将其作为全市重大发展战略之一。

为了实现"森林重庆"的各项发展目标，重庆市编制了《重庆森林工程总体规划》，围绕"创建森林城市、致富巴渝农村"两大主题提出了十年内全面绿化600公里长江两岸等一系列具体目标，为"森林重庆"战略构想的实现提供了具有科学性和可操作性的设计。该规划分为两个阶段来实施。（见表6—3）

表6—3　　"森林重庆"发展目标（1996—2017）

	1996	2008	2012	2017
森林覆盖率（%）	21	34	38	45
建成区绿化覆盖率（%）	18	34.5	35	38
绿地率（%）	—	—	32	36
林业总产值（亿元）	13	174	250	500
人均林业收入（元）	20	336	500	1 000
活立木蓄积量（亿立方米）	0.78	1.3	1.46	1.72
固碳（万吨碳当量）	1 419	2 298	2 568	3 041
释放氧气（万吨）	1 030	1 668	1 863	2 206

数据来源：重庆市林业局。

---

①　历史上，重庆是长江流域三大"火炉"之一，一年中温度超过40℃以上的极端天气曾高达49天。

到 2017 年，重庆就可以堪称"森林重庆"：其森林覆盖率达到 45%，比 2008 年提高 11 个百分点，建成区绿地率提高 4 个百分点，这表明绿色生态空间进一步扩大，对维护长江中上游生态安全屏障起着重要的作用；活立木蓄积量达到 1.72 亿立方米，比 2008 年提高 32%，这意味着已经进入了加速森林盈余的阶段；与此同时，相应地提高了固碳能力和释放氧气量，在应对全球气候变化方面的作用也越来越大；人均林业收入比 2008 年增长 2 倍，这是一个典型的创业、富民工程。

同时，"森林重庆"还是构建全国生态安全战略格局的重要组成部分。无论是全国还是各地方，生态资本都是最稀缺的资本，生态产品都是最短缺的产品，生态服务都是最紧缺的服务。重庆地处三峡库区腹心地带，是长江流域的重要生态屏障和全国水资源战略储备库，生态区位十分重要。从自然地理角度讲，重庆有 75% 的面积是山地和丘陵，平坝仅占 7%，常年气候温暖湿润，具有良好的发展林业的自然条件。但是，森林一旦被破坏，导致水土流失，也将导致极大的生态灾难。据统计，1997 年重庆土壤侵蚀模数达到 4 261 吨/平方公里·年，水土流失面积达到 52 130.27 平方公里，这直接导致流入三峡库区的泥沙量达到 5 亿吨。反之，森林面积扩大，水土流失面积减少，流入三峡库区的泥沙量就会大量减少，如 2007 年下降至 2.1 亿吨，到 2017 年将下降到 1.1 亿吨。（见表 6—4）

表 6—4　　　　　重庆主要生态指标（1997—2017）

项目	1997 年	2007 年	2017 年
森林覆盖率	20%	33%	45%
土壤侵蚀模数	4 261 吨/平方公里·年	3 641.95 吨/平方公里·年	2 660 吨/平方公里·年
水土流失面积	52 130.27 平方公里	40 000 平方公里	23 550.5 平方公里
流入三峡库区泥沙量	5 亿吨	2.1 亿吨	1.1 亿吨

数据来源：重庆市林业局。

重庆还是举世瞩目的世界级特大型水库三峡工程的库区主要所在地,在三峡工程175米蓄水后,水域面积达到1 084平方公里,库区库容为393亿立方米(是世界最大的水库之一,相当于黄河年平均径流量的80%),年平均径流量为4 500亿立方米,占长江水资源总量的46.9%。三峡库区是全国淡水资源的重要战略储备基地,关系到整个长江流域的可持续发展和整个国家的生态安全,堪称中国之"肾"。这也决定了森林重庆不仅对重庆具有地区性公共产品的性质,更具有保障全国生态安全屏障的全国性公共产品的功能。

还需要指出的是,建立一个真正的"森林重庆"仍然是一个长期的任务。即使到2017年,重庆森林覆盖率仍然低于1929年60%的水平。这就需要至少到2050年才能真正实现"森林重庆"的梦想,但是这一阶段的工作为其奠定了良好的基础。这是一个既科学又合理的绿色发展思路。

三、生态青海:为中国提供最大公共产品[①]

保护三江源地区不仅是全国性公共产品,而且还是世界性公共产品;它不仅是中国国家生态财富(national ecologi-

[①] 本节基于作者对于青海省的多份调研报告,包括胡鞍钢:《省情与发展——以青海为例》,载《国情报告》,2008(8);胡鞍钢、诸丹丹、童旭光:《四类贫困的测量:以青海省减贫为例(1978—2007)》(2009年5月25日),载《国情报告》,2009(18);胡鞍钢:《关于建立国家生态安全保障基金的建议——以青海三江源地区为例》(2009年6月18日),载《国情报告》,2009(19);清华大学国情研究中心:《省级多维减贫经验:以青海省为例》(2009年7月21日),载《国情报告》,2009(21)。

cal treasure），而且还是人类共同的生态财富。①

——作者调研手记，2009 年

青海省作为西部欠发达省份，它的基本省情是：草原面积大省，畜产品小省②；资源储量大省，资源生产量小省③；生态十分脆弱，同时在全国的生态作用非常突出；现代因素与传统因素并存，发达现象与欠发达现象并存，富裕人口与贫困人口并存，高智力人口与文盲人口并存，人口密集区与稀疏区并存，经济聚集区与薄弱区并存，形成了特有的内部地区差距；从动态的角度来看，青海省正经历着前所未有的经济与社会转型，现代因素、发达现象、富裕人口、高智力人口不断增多，而传统因素、欠发达现象、贫困人口、文盲人口不断减少。

青海省的自然生态环境既十分脆弱又十分恶劣，但更十分重要。青海省位处我国西部，是我国的干旱半干旱地区，大部分地区干旱，年降水量约 300～400 毫米，个别地区仅有 17 毫米。这就决定了森林覆盖率极小，尽管草原面积大，但生物生长量和（土地）生产率极其低下，植被简单易破坏。不同于世界上和我国其他干旱半干旱地区，它处在高原地区，平均海拔在 3 000 米以

---

① 胡鞍钢：《关于建立国家生态安全保障基金的建议——以青海三江源地区为例》（2009 年 6 月 18 日），载《国情报告》，2009（19）。

② 2004 年青海省草原面积为 4 038 万公顷，占全国草原总面积的比重为 10.10%。除羊肉产品产量占全国比重稍高外，其余畜产品产量占全国比重都比较低。2006 年，青海省的奶类产量占全国比重的 0.81%，羊肉产量占 2.04%，牛肉产量占 1.03%（参见国家统计局编：《中国统计摘要（2007）》，139 页，北京，中国统计出版社，2007）。这反映出单位草地面积畜产品产量相当低下，还处在传统型的畜产业阶段。

③ 青海省只是资源禀赋或储存量大省，并不是真正意义上的资源产品产量大省。2006 年，青海省的原煤产量占全国比重的 0.26%，原油产量占 1.21%，发电量占 0.98%（参见国家统计局编：《中国统计摘要（2007）》，144 页，北京，中国统计出版社，2007）。只是个别资源型产品产量占全国比重较高。

上，海拔高度超过 3 000 米的面积达到 72%，极度缺氧，空气含氧量仅为海平面的 60%~70%。气候寒冷，年平均气温-5℃~8℃。青海省的山地和丘陵地貌占全省面积比重达到 69.9%，明显高于全国平均水平（40.6%），也高于少数民族聚居地区的平均水平。耕地比重很低，只有 1.12%，相当于全国平均水平的 1/10。

青海省的基本省情就决定了青海省的发展面临着一对基本矛盾：既要发展经济，减少贫困人口，又要搞好环境保护和生态建设。这是青海难题，也是中国难题和世界难题，青海省对此的破题是，通过生态立省、生态强省，闯出一条发展新路。

"生态安全战略"是国家核心战略之一的观念，**为青海尤其是三江源地区的生态安全及其战略赋予与经济安全及其战略相等同的重要性**。三十余年前改革开放刚刚启动的时候，经济发展是硬道理；**进入 21 世纪，科学发展、绿色发展是硬道理**。青海的长远发展，必须同时处理好省内减贫与生态保护尤其是三江源生态保护这两大核心问题。

（一）从工业立省到生态立省

20 世纪 90 年代后半期以来，青海省迎来了新一轮高速经济增长。本轮经济增长主要是工业，特别是重工业主导的，主要是依靠物质资本高增长驱动的。我们分析青海省的经济增长率及其来源，1995—2005 年间，青海 GDP 增长率为 10.47%，资本增长率为 15%，可能是全国最高的省份之一，对经济增长的贡献达到 57.19%。

青海省大力发展第二产业，培育了一批特色、优势工业，建成了铝电联营等一批重大工业项目，2006 年第二产业比重突破 50%，2008 年达到 55%。同时，青海省依托优势资源，加大了对优势产业的投入，一批以资源开发为主的重工业快速发展，到

2008年重工业占工业总产值的比重达到93.8%，比1978年上升了27.9个百分点。①

青海省又是中国超高投资率、经济增长超高资本驱动的省份。2003年青海省固定资本形成率高达74.7%，远高于全国平均水平（42.8%）。青海省属于资本高投入类型的地区，物质资本流量长期维持在高水平，不仅长期以来大大高于全国平均水平，在西部省份中也属较高的类型。

工业立省的战略在推动青海省经济高速发展的同时，也给青海省的资源环境造成巨大的压力，特别是青海省很多地区不适宜农业开发，更不适宜发展工业与第三产业，这在很大程度上制约了青海省的经济发展条件。青海的自然生态环境十分脆弱，极易破坏，难以自然修复。

从全国和全球的范围来看，青海省具有独特的生态战略地位，三江源地处青藏高原腹地，位于青海省南部，是长江、黄河、澜沧江的发源地。

其实青海省的人口、GDP和财政收入占全国的比重都太小②，在国家经济发展战略中没有唯一性、独特性和优势，但恰恰在中国的生态发展战略方面具有至关重要的唯一性、独特性和优势，而且这个位置在未来的贴现率越来越高，从而青海的生态屏障地位和生态服务作用越来越凸显，不仅在全国如此，而且在全世界应对气候变化方面更是如此。**当中国到2020年GDP总量可能是1978年的42倍时，中国就不缺GDP，而严重缺乏生态产品、生态服务、生态资产了。显然，青海省的生态贡献可能在全国是最大的，生态保障或屏障作用可能是最显著的。**

---

① 参见侯碧波：《不断调整优化的青海经济结构》，见青海省统计信息网。
② 青海省GDP占全国的比重约为0.3%。

科学发展的主题就是应推动中国从黑色发展向绿色发展转型，这能够保证中华民族长期的生存与发展。对于青海省未来的发展战略，我非常赞赏青海省提出的"生态立省　惠泽子孙"这一新的基于科学发展观的发展理念和思路。在中央还没有给青海发展定位之前，青海省主动地、率先地提出"生态立省"这个概念，就是一个很好的创新。从国家角度来看，青海省虽然国土面积大，但是在国家战略格局中始终没有一个清晰的地位，靠经济的确是不可能的，靠税收就更不可能了，因此只能凸显青海在国家中的生态地位。温家宝总理在东亚会议上，特别提到了三江源地区保护，说明中央领导人已经意识到，中国的某些生态产品并不简单地是中华民族的生态公共产品，而是已经开始具有全球性的生态意义。**"生态立省　惠泽子孙"，将不仅仅是惠及几百万的青海子孙，还将惠及十几亿全体中国人民的子孙，甚至六十亿世界人民的子孙。**

我充分肯定青海省委、省政府提出的"绿色青海、绿色高原、绿色环境"。对此，我进一步建议：制定绿色发展目标，实施绿色改革战略，采用绿色生产技术，积极发展绿色能源，努力创造绿色就业，大力发展绿色城市，建立绿色产业体系。青海省进一步确立"生态立省"、"绿色发展"的战略思路，并成为国家的发展战略，由此形成青海与全国的"共赢关系"，即"举全国之力帮助青海发展，举全青海省之力为全国服务"。

（二）消除生态贫困是最大的政绩

青海省的自然生态环境既十分脆弱又十分恶劣，更十分重要。青海既是干旱半干旱地区，又处于高原地区，条件特殊。青海省的自然灾害种类多、频度高、程度深，造成规模庞大的生态贫困人口①。青海省的贫困问题根本上是生态问题，贫困人口同时也是生态贫困人口。

青海省全部133.5万（2004年青海省扶贫办数据）贫困人口都住在生态恶劣地区。更加令人关注的是，由于生态退化，自然环境进一步恶化，青海省已经有20万左右的人口成为重度生态贫困人口，这一部分人口占农村人口的5%左右，占全部贫困人口的15%。对于这一部分人口要通过生态移民等方式解决贫困问题。对于其他贫困人口，要千方百计降低他们陷入生态贫困的风险，实施生态友好型的生产方式，同时也要进行适度的生态补偿。

因青海省特殊的自然地理条件和生态环境状况，形成了若干特殊的生态贫困类型，包括高寒牧区贫困型、干旱山区贫困型、沙漠化贫困型（见表6—5）。

青海省高寒牧区的生态难民逐年增加，主要原因是总体生态环境的退化态势得不到改变，区域内湖泊萎缩，地下水位下降，湿地退化。这一方面使得地表径流减少，引发水资源危机，造成"守着源头没水喝"的青海水源悖论；另一方面，放牧草地资源减少，导致生态难民增加。最典型的是黄河源头第一县玛多县，从"千湖之县"逐渐变成极度缺水的贫困县。干旱山区所体现的生态贫困表现在区域内每年严重干旱发生率为20%，中度以下干旱发生率为45%，总发生率高达65%。沙漠化贫困型表现为生存空间越来越小，比如共和盆地，土地沙漠化面积达到126.7万公顷，占全部盆地面积的91.3%，沙进人退。

---

① 生态贫困（Ecological Poverty）是基本生存环境的贫困。本书定义为由于生态环境不断恶化，超过其承载能力而造成不能满足生活在这一区域人们的基本生存需要与再生产活动需要，或因自然条件恶化、自然灾害频发而造成人们基本生活与生产条件被剥夺的贫困现象，主要包括气候贫困、资源贫困等。

表 6—5　　　　　青海省生态贫困类型及特征

生态贫困类型	区域范围	面积（万/平方公里）	区内人口（万人）	贫困人口（万人）	自然灾害	生态贫困人口特征
高寒牧区贫困	果洛、玉树、海南、黄南、海北、海西等6州22县155乡	39.97	84.55	31.26	干旱、80%以上的草地退化、"高寒草甸—退化草甸—荒漠化"	"守着源头没水喝"、牧草资源减少
干旱山区贫困	互助、化隆、乐都、民和、平安、循化、湟中、湟源、大通、贵德、尖扎、同仁、门源等13个县	2.84	287.50	95.51	旱灾发生率65%	无地少地
沙漠化贫困	柴达木盆地和共和盆地	12.23	40.25	6.73	沙漠化	沙进人退

资料来源：青海省扶贫办：《青海省实施〈中国农村扶贫开发纲要〉中期评估报告》(2004)，12～19页。

生态贫困人口通过生态移民而逐渐减少，2000—2007年数据显示，生态贫困人口呈现明显下降趋势，由2000年的41万下降到2007年的20万左右，减少了近一半。

同时，青海省农村安全饮用水比例逐渐提高，2000年安全饮用水未覆盖率为50.4%，2007年未覆盖率降低到26.1%。当然，与全国相比仍然相对滞后。2007年，全国农村累计改水受益人口达到9亿左右，占农村总人口的92.8%[1]，安全饮用水未覆盖率仅为7.2%。而青海省仍有80

---

[1] 参见中国发展研究基金会：《构建全民共享的发展型社会福利体系》，82页，北京，中国发展出版社，2009。

万人未解决安全饮水问题，安全饮用水未覆盖率高出全国平均水平近 20 个百分点。

随着青海省生态立省战略的提出，生态扶贫战略深入实施，到 2015 年将基本消除不安全饮用水人口，到 2020 年青海省将基本消除生态贫困人口（见表 6—6）。消除生态贫困是最大的发展，也是最大的政绩。

表 6—6　　　青海省生态贫困衡量（2000—2020）

	2000	2007	2015	2020
生态贫困人口（万人）a	41.0	20.0	7.0	0.0
生态贫困人口比例（%）	12.2	6.1	2.0	0.0
安全饮用水未覆盖人口（万人）	169.8	80.3	0.0	0.0
安全饮用水未覆盖率（%）	50.4	26.1	0.0	0.0

资料来源：卫生部：《1998 中国卫生统计提要》，1999；青海省扶贫办：《青海省实施〈中国农村扶贫开发纲要〉中期评估报告》（2004）；a 数据根据《青海省实施〈中国农村扶贫开发纲要〉中期评估报告》整理并估算而得。

（三）保护三江源：提供最大的公共产品

生态青海战略意味着青海实现由提供 GDP 产品向提供生态产品的战略转移。为全国的生态安全，乃至全人类的生态安全作出贡献，是青海省提供的最大公共产品，而做好三江源保护是青海对全国作出的最大贡献。

从公共经济学的角度来看，我们需要对保护三江源地区给予更加明确的经济学属性定位：它不仅是全国性公共产品，而且还是世界性公共产品；它不仅是中国国家生态财富，而且还是人类共同的生态财富。

2004—2009 年，三江源地区五年间主要湖泊的面积净增加 245 平方公里，荒漠生态系统面积净减少 95.63 平方公里；草地沙化防治区植被覆盖度平均提高 23.2%，黑土滩治理区植被覆盖度提高到80%，退牧还草围栏内草地植被覆盖度达到90%。三江源地区出境水量由2006年的412亿立方米提高到2010年的776.3亿立方米，平均每年增加91.075亿立方米，其中2004—2009年长江源每年向下游供水168.9亿立方米，比1975—2004年的124.3亿立方米新增44.6亿立方米，工程"增水"效果显著。三江源自然保护区土地覆被转类指数明显增加，草地净初级生产力皆呈增加趋势，水域面积增加，森林减少趋势得到遏制，湿地多呈增加趋势，草地退化趋势缓解，荒漠化明显得到遏制，局部出现的沙地和荒漠面积减小。

在2010年12月21日国务院印发的《全国主体功能区规划——构建高效、协调、可持续的国土空间开发格局》中，青海三江源地区正式被定位为"草原草甸湿地生态功能区"。我们认为，这一规划对青海三江源地区的功能定位是科学、准确和及时的；同时，对三江源地区生态环境的保护与建设也应当是科学的、有效的和持续的。为此，我们有必要进一步探索能够让三江源"青春"永驻、让青海绿色转型之路越走越宽广的长效机制。

为从根本上遏制三江源地区生态功能退化趋势，探索建立有利于生态建设和环境保护的体制机制，青海省提出：**到2015年，把三江源地区建成全国重要的生态安全屏障和国家级生态保护综合试验区，为全国和省内其他区域建立生态补偿机制提供经验和模式。**三江源地区治理草原退化面积1.5亿亩，草地植被覆盖度提高5%，森林覆盖率达到5.58%；到2020年，新增治理草原退化面积1亿亩，草地植被覆盖度比2015年提高5%，森林覆盖率达到6.1%。生态系统步入良性循环，城乡居民收入接近或达到本省平均水平，基本公共服务能力接近或达到全国平均水平，全面实现建设小康社会目标。

生态资本积累由亏转盈的三江源地区，是中国生态脆弱地区恢复与涵养的领先者，是中国生态功能地区保护与建设的示范者。我基于公共经济学的相关理论，也是基于中国的特定国情，更是循着激励机制（如生态立省）最大化、治理成本（特别是信息成本）最小化的思路提出建议，即：**设立国家生态安全保障基金，列支中央财政支出项目，对国家重大生态安全工程进行长远投资**。

此项建议形象地讲，是用"公共财政"购买"国家生态财富"，这就像国家支付国防费保障国家国防安全一样，来保障国家生态安全。这就需要制定国家生态安全战略，使用国家公共财政投资，增加国家生态资产，扩大国家生态服务功能。从中国的基本国情和国家核心利益来看，中国最稀缺的国家财富不是财政收入，它可以随着 GDP 的增长而高弹性增长，而是严重不足、日益流失的国家生态资本，因此非常有必要用国家财政来购买。由于中国各级政府任期只有五年，国家领导人和地方负责人连任也不会超过十年，因而从制度安排上保护和积累这一最稀缺的国家财富最易被忽视，因为它无法在任期内显示政绩。这是我提出这项制度创新建议的主要理由。

国家生态安全基金不是财政收入基金，而是公共财政支出基金；不是一般性的财政转移支付支出，而是对生态资本投资支出；不是针对某些地方性公共产品，而是针对全国性公共产品；不是单单实现某些地方生态安全公共目标，而主要是实现全国生态安全公共目标，乃至全球生态安全目标。从长远来看，要建立生态产出（价值量[①]或实物量）账户，国家生态安全基金应当购

[①] 可以以饮用水和水力发电价值作为基数计算。

买三江源以及青海省的生态产品或服务①,即国家财政(包括下游各地区的财政)向青海购买生态服务,使青海真正做到"以生态服务来富民强省"。

四、地方绿色转型之道

"绿色北京"、"森林重庆"、"生态青海",不同类型的地方都走出了成功的绿色转型之路,这体现了中国的绿色转型之"道":

首先是国家战略引领和地方创新相结合。

国家战略解决未来中国发展方向这一"过河"目标的问题,正是由于科学发展观这一最大战略的提出,才为地方绿色转型创造了条件和前提,也为绿色转型指引了方向。

同时,对于幅员广大、人口众多、各地差异很大的中国来说,各地区还要解决落实和实践科学发展观的"桥"和"船"的方法论问题。② 地方创新在先,中央创新在后;地方创新是全国

---

① 生态产品指维系生态安全、保障生态调节功能、提供良好人居环境的自然要素,包括清新的空气、清洁的水源、舒适的环境和宜人的气候等。生态产品同农产品、工业品和服务产品一样,都是人类生存发展所必需的产品。生态地区提供生态产品的主体功能主要体现在:吸收二氧化碳、制造氧气、涵养水源、保持水土、净化水质、防风固沙、调节气候、清洁空气、减少噪音、吸附粉尘、保护生物多样性、减轻洪涝灾害等。

② 毛泽东同志指出:"我们不但要提出任务,而且要解决完成任务的方法问题。我们的任务是过河,但是没有桥或没有船就不能过。不解决桥或船的问题,过河就是一句空话。不解决方法问题,任务也只是瞎说一顿。"(毛泽东:《关心群众生活,注意工作方法》(1934 年 1 月 27 日),见《毛泽东选集》,2 版,第 1 卷,139 页,北京,人民出版社,1991。)

创新的"源头活水",而中央创新则是全国创新的"百川归海"。中央要尊重地方创新,支持地方创新,还要鼓励地方大胆创新,允许地方创新失败,指导地方创新纠错,使创新者并不因为失败而受到惩罚,而更应当受到激励,这样就形成全国各地新的"创新竞赛"。这一竞赛旨在鼓励地方"良性创新",即一地的创新对他地产生正外部性和外溢性,而不是"恶性创新",即一地创新对他地产生负外部性和外溢性。

其次,也要解决好中央、地方两类公共产品的关系。

地方的生态建设具有极强的正外部性,在许多大江大河流域为国家提供重要的生态产品。因此,应该不断加大国家投入,以公共财政购买生态公共产品。由国家出钱,地方出力,积极鼓励和通过财政支持地方为全国提供生态产品、生态功能、生态服务。国家负责总体规划,由省级政府负总责,地市县级政府作为实施主体,由第三方监督和评估。对生态脆弱的地方,应该改变绩效考核机制,不搞 GDP 评估,而应该搞生态服务评估。

第三,鼓励地方由 GDP 竞赛转向绿色竞赛。[1]

在中国,不仅需要有市场主体之间的激烈竞争,还需要有在中央政府指导下的地方竞赛,但是要根本改变竞赛的指挥棒。

改革开放以来,鼓励地方政府之间相互竞争,是中国的体制优势之一,也是中国经济高速发展的原因之一。但同时,以加快发展为主题的地方竞争,使得许多地方干部片面追求 GDP,具有强烈的投资冲动,拼命"大干快上"。

---

[1] 参见胡鞍钢:《"十二五":从加快发展转向科学发展》(2010 年 12 月 13 日),载《国情报告》(专刊),2010 (3)。

这就要求中央改变指挥棒，弱化 GDP 考核指标。这样就会大大地解放广大干部，正确地引导广大干部。不是以 GDP 论英雄，而是以科学发展观论英雄，以绿色发展论政绩，这就促进地方把 GDP 竞赛转变成公共服务竞赛、节能减排竞赛、绿色发展竞赛，使得各个地区纷纷向绿色发展转型，使若干地区脱颖而出，率先转型，并带动其他地区进一步转型。

第四，地方面临生态环境挑战，积极主动应战，以创新来破解危机。

地方的发展会面临各种各样的挑战，这也迫使地方领导人主动应战，化生态环境的危机为绿色发展的契机。例如，北京面临着水资源紧缺的危机、空气质量的危机，同时作为世界性城市在举办奥运会的过程中面临着世界压力，这就为北京绿色转型带来了巨大压力和挑战，而北京通过建设绿色北京迈向绿色现代化，以创新来破解危机。

第五，系统规划、持续推进是绿色转型的重要手段。

北京将"绿色北京"统筹在"三大北京"（"绿色北京"、"人文北京"和"科技北京"）的总体规划下，并专门制定了《绿色北京行动计划》。为了实现"森林重庆"的各项发展目标，重庆市编制了《重庆森林工程总体规划》。为了保护三江源，国务院审议通过了《青海三江源自然保护区生态保护和建设总体规划》。

系统的规划明确了绿色转型的目标、途径和不同阶段的任务，也避免了随着地方领导人更替造成的"翻烧饼"、自我折腾，使得前任种树，继任一边乘凉，一边种更多的树。

总之，正如毛泽东同志所说的："我们的国家这样大，人口这样多,情况这样复杂,有中央和地方两个积极性,比只有一个积极性好得多。"① 国家倡导、规划绿色发展,地方实践、创新绿色发展。

---

① 毛泽东:《论十大关系》(1956 年 4 月 25 日),见《毛泽东文集》,第 7 卷,31 页,北京,人民出版社,1999。

第七章

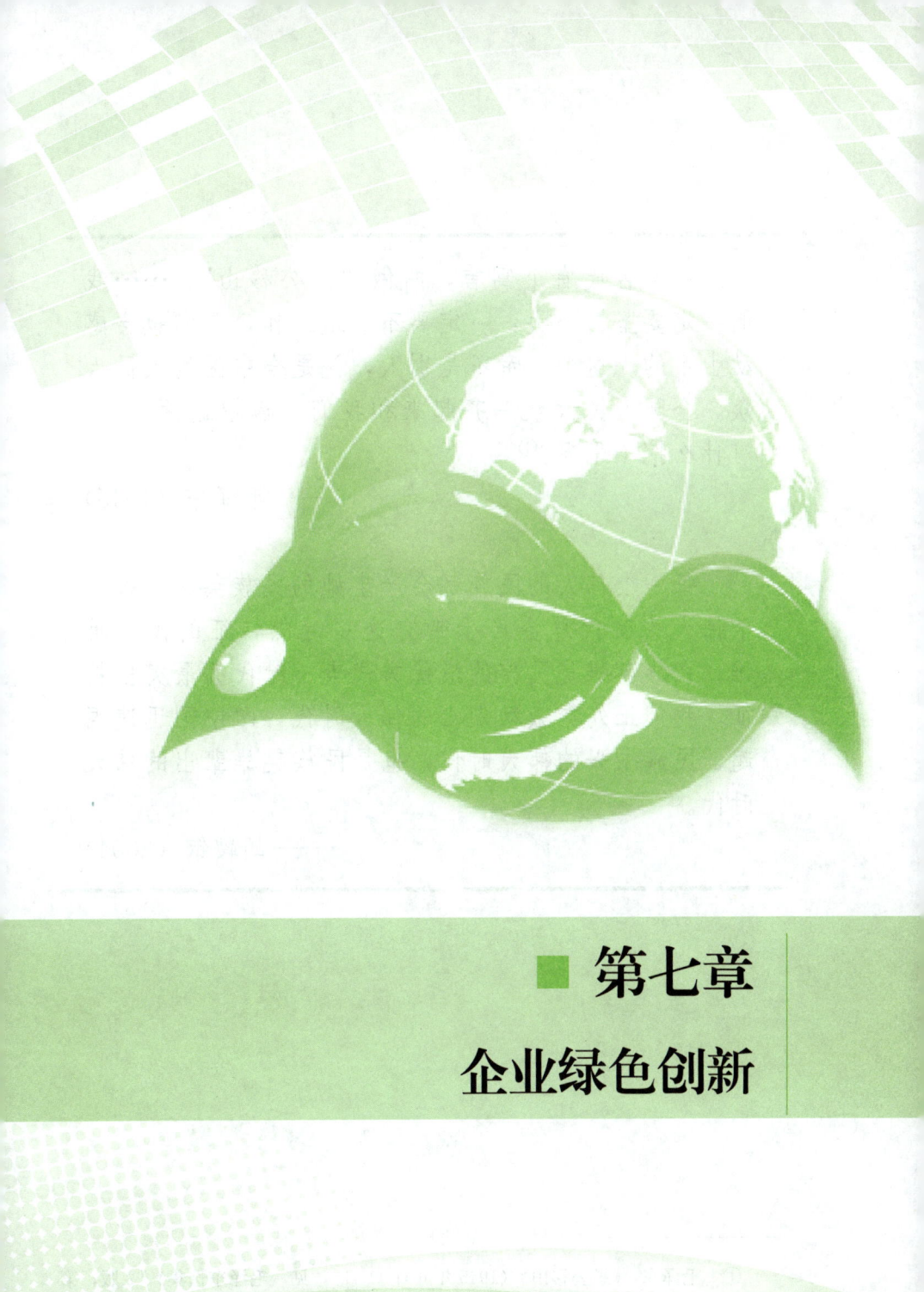

企业绿色创新

中国古代有个寓言，叫做"愚公移山"。……我们一定要坚持下去，一定要不断地工作，我们也会感动上帝的。这个上帝不是别人，就是全中国的人民大众。全国人民大众一齐起来和我们一道挖这两座山，有什么挖不平呢？①

——毛泽东（1945）

　　每一个伟大的民族都会产生她的民族英雄，每一个伟大的时代总会产生带有这一时代特征的民族英雄。民族英雄是民族的最优秀代表、时代的最突出特征。我们正处在激动人心的伟大时代，即中国迅速崛起、民族振兴的伟大时代，也是民族英雄辈出的伟大时代。②

——胡鞍钢（2004）

---

①　毛泽东：《愚公移山》（1945年6月11日），见《毛泽东选集》，2版，第3卷，1102页，北京，人民出版社，1991。
②　系作者2004年12月在海尔创业20周年纪念日的演讲：《改革开放时代的民族英雄》，见中新网，2004-12-28。

"为有牺牲多壮志，敢教日月换新天。"① 企业是绿色发展的主体，也是创造中国绿色发展奇迹的英雄，北大荒集团凭借独特的创新力和艰苦卓绝的努力，开拓了属于北大荒人的"北大荒的绿色农业之路"，创造了现代人类垦殖史上的"北大荒奇迹"，成为中国绿色农业的先行者、示范者和领先者，也成为"中国绿色农业奇迹"的突出代表和重要贡献者。亿利集团将库布其沙漠建设成为具有全球领先水平和示范意义的"沙漠·生态·新经济"发展平台，为全球荒漠化防治和以新能源为主的新经济发展作出了贡献。它创造了"库布其模式"，成为全球荒漠化防治与土地可持续管理领域最成功的实践典范。华锐风电乘着中国绿色发展的东风，走了一条从技术引进再到自主创新的跨越道路，短短几年间就实现了从追随者到全球引领者的转变。

企业是中国创新的主体，它们的奋斗，就是中国的奋斗；它们的绿色创新，就是中国绿色创新的源泉。那么企业绿色发展之路是什么？绿色创新的途径是什么？绿色创新的奇迹是什么？本章将通过三个企业的案例来回答这些问题。

一、北大荒：创造绿色农业奇迹②

什么是当代的英雄呢？就是世界500强、世界2 000强。

---

① 毛泽东：《七律·到韶山》（1959年6月）。
② 本节基于作者的多份调研报告，胡鞍钢：《北大荒之路（1947—2047）：从落伍者到领先者》（2010年8月31日），载《国情报告》，2010（26）；胡鞍钢：《谈黑龙江垦区"十二五"》（2011年2月25日），载《国情报告》，2011（17）；胡鞍钢：《再谈北大荒之路》（2011年8月29日），载《国情报告》，2011（34）。

> 这就是为什么我们需要在这里提出北大荒集团必须跻身于世界 500 强，因为时势需要这样的英雄，也能够塑造这样的英雄。北大荒集团在黑龙江省乃至全中国，率先实现农业现代化，率先实施绿色发展，率先进入全面小康社会，率先实现共同富裕。这就是北大荒之路的"人间正道"，是走向现代北大荒、绿色北大荒、幸福北大荒的"人间天堂"。
>
> ——作者调研手记，2011 年

"北大荒"是指中国最北部地区，是世界三大黑土地地带之一[①]，因其寒冷和荒芜而被称为"北大荒"。故人称："北大荒，真荒凉，又是狍子又是狼，光长野草不打粮"，这是当时北大荒的真实写照[②]，也是北大荒开发"一片空白"的历史起点。

"北大荒"是世界三大黑土地中面积最小、气候条件最寒冷、农业开发条件最恶劣，也是现代农业开发时间最晚、现代化农业基础一片空白的地区，但是它只用了六十多年的时间，沧海桑田，荒原巨变，成为今日的"中华大粮仓"，提前实现了粮食综合生产能力 350 亿斤的目标，成为中国最安全的粮食战略储备基地，累计生产粮豆 3 922 亿斤，其中商品粮为 3 065 亿斤，粮食商品率为 87.2%。无论是与中国的农业历史（长达几千年）比较，还是同美国（从 19 世纪 60 年代开始）和前苏联农业开发史（从 20 世纪 20 年代开始）相比较，能够在六十多年时间做到这一点，这本身就是一个

---

① 除北大荒之外的两大黑土地，一是美国的密西西比河流域，黑土地约有 1.8 亿亩，大部分是在土壤肥沃的平原；二是前苏联开发第聂伯河畔的乌克兰大平原，大部分地区为温带大陆性气候，部分地区为亚热带气候，其黑土地面积居世界首位，约近 3 亿亩。

② 著名作家聂绀弩在《北大荒歌》中写到："北大荒，天苍苍，地茫茫，一片衰草枯苇塘。……何物空中飞，蚊虫苍蝇，蠛蠓牛虻；何物水边爬，小脚蛇，哈士蟆，肉蚂蟥。山中霸王熊和虎，原上英雄豺与狼。……一年四季冬最长……"这真实地反映了北大荒的原始风貌。

令人惊叹不已的事实，我称之为"北大荒奇迹"。

六十多年以来，三代北大荒人凭借独特的创新力和艰苦卓绝的努力，开拓了属于北大荒人的"北大荒之路"，创造了现代人类垦殖史上的"北大荒奇迹"，成为中国农业现代化和农业机械化的先行者、示范者和领先者，也成为"中国农业奇迹"[①]的突出代表和重要贡献者。

进入 21 世纪以来，北大荒人又继续引领和带动 21 世纪上半叶中国绿色农业潮流，开始挑起中国绿色农业领先者的历史重任，致力于成为中国"绿色奇迹"的突出代表和重要贡献者。从新中国成立初期第一批拓荒者怀着"人定胜天"的信念大战遍布北大荒的沼泽丛林，到进入 21 世纪后北大荒人正齐心绘制"天人互益"的壮丽图景，北大荒的发展道路是中国绿色农业之路的缩影。

（一）北大荒之路

北大荒垦区曾经是世界性农业现代化的落伍者，经过六十多年的追赶，已经成为世界性粮食综合产出水平的领先者，"北大荒之路"，也因此成为中国农业现代化和机械化之路的先行者。**回顾北大荒六十多年的历程，北大荒完成了两大历史性跨越：一是从亘古荒原到屯田开荒，再到中华大粮仓的历史性跨越；二是从大自然的绝对统治，到战天斗地、人类英勇地进军，再到人与自然共生共荣的历史性跨越。**

"北大荒"的农业发展历程大致可以分成四个阶段[②]：

[①] "中国农业奇迹"是指中国用世界 12%的谷物生产用地、6.5%的水资源供养了 20%以上的人口。这里的谷物生产用地是指谷物收获面积。计算数据来源于世界银行：《2008 世界发展指标》，表 2.1，表 3.2，表 3.5，北京，中国财政经济出版社，2008。

[②] 作者参阅了王阳整理和提供的《各路建设大军开发建设北大荒情况简介(1947—1977)》，2010-08。

第一阶段：初创高速增长，生态赤字扩大期（1947—1959年）。这一时期，粮食作物播种面积年平均增长率高达47.24%，粮食单产（斤/亩）累计增长67%，粮食总产量增长了79倍，粮食商品率由19.7%提高至38.7%。北大荒的第一个发展黄金时期与中国的第一个发展黄金时期（1949—1957年）相互吻合、相互映照。① 这成为"北大荒之路"的起始点，也成为中国农业现代化和农业机械化的历史性起始点，还成为属于北大荒人的历史财富和不懈动力的"北大荒精神"。

同时，在这一时期，北大荒粮食增产的主要途径是靠耕地面积或粮食播种面积的扩大，播种面积年增长率达到47.2%，对粮食总产量的贡献率高达85.9%，而单产提高的贡献率仅为14.1%。

第二阶段：粮食生产大幅波动，生态赤字急剧扩大期（1960—1976年）。这一时期，先是由于遭受特大自然灾害的"天灾"和"大跃进"决策失误的"人祸"等因素影响，垦区粮食生产能力迅速下降，由1959年的16亿斤下降至1960年的10.1亿斤，但是，当时粮食生产商品率仍然高达35%～38%，这对面临严重饥荒的中国如同"雪中送炭"。而后，粮食生产很快恢复，直到1965年达到了22.9亿斤，与此同时，粮食商品率迅速提高，第二次超过总产量的一半，达到53%。随后，在"文化大革命"亦即生产建设兵团时期，中苏对峙直接使得垦区从"农垦制"转变为"军垦制"，留下了并不太高的粮食生产记录。

无论是人口规模还是耕地面积，当时的垦区就已经是世界上

---

① 关于新中国第一个发展黄金时期的论述详见胡鞍钢：《中国政治经济史论（1949—1976）》，第4章，北京，清华大学出版社，2007年第1版；2008年第2版。

最大的农业生产垦区之一，但是过度开垦也造成了巨大的生态环境破坏。这一时期，累计开垦出 2 900 万亩耕地，而北大荒的林地和湿地面积减少了一半多，原始生态遭到了严重破坏。

第三阶段：改革开放探索，生态赤字开始缩小（1977—1995年）。这一时期，垦区粮食总产出年平均增长率在 3.34%，特点是粮食增长波动非常大，粮食播种面积低增长，粮食生产主要靠单产提高而粮食单产增长相对有限。1995 年，垦区粮食生产综合能力首次突破百亿斤大关（粮豆总产为 104 亿斤），根据垦区的实际情况探索、试错并创新了"大农场套家庭农场"、"大集团套大农场"的管理体制和经营方式，充分体现了集中与分散、集权与分权，使大农场积极性和小农场积极性之间的平衡紧密结合。这既不同于美国的家庭农场模式，也不同于中国农村家庭联产承包责任制，是"北大荒模式"，即调动不同主体积极性、基于激励相容机制的"统分模式"。此后，这一模式趋于稳定，形成"北大荒优势"，为后来垦区的跨越式发展提供了"制度红利"。

这一时期，北大荒集团开始反思生态破坏的后果，1991 年，下达了停止垦荒的禁垦令，同时开始实施退耕还牧、退耕还草、退耕还林、退耕还湿四大工程。1991—1995 年间完成退耕还林 181.5 万亩，使得农垦区森林覆盖率提高 2.3 个百分点。

第四阶段：生态建设与粮食生产比翼齐飞时期（1996—2010年）。这一时期垦区先是迈上了第二个大台阶，粮食总产量仅用了十年时间就由 1995 年的 100 亿斤上升为 2005 年的 200 亿斤；而后又迈上了第三个大台阶，2005 年之后仅用了四年时间，粮食综合生产能力又上升至 2009 年的 300 亿斤以上。粮食总产量年平均增长率达到了 12%，其中提高单产的贡献占 47.67%。此外，垦区粮食商品率也不断提高。到 2010 年，垦区资产总额已接近 1 000 亿元，垦区企业累计实现利润达到 64 亿元，垦区粮食加工能力达到 2 000 万吨，北大荒集团也已进入全国企业 500 强排名中的第 79 名，不仅成为中国现代农业企业的航空母舰，也成为真正的世界级现代农业企业。

同时，这一时期也是生态赤字快速缩小，并转向盈余的时期。1999 年全面停止开荒，垦区禁止一切湿地、草原垦殖和毁林开荒活动，并开始大规模地退耕还牧、退耕还草、退耕还林、退耕还湿。到 2010 年，黑龙江全省 1 494 万亩坡耕地、沙化耕地和低产田全部退耕还林，在宜林的荒山荒地造林 1 500 万亩，"北大荒"新增林地 3 000 万亩，实现退耕还湿地 300 万亩。退耕之后的生态环境改善促进了粮食生产产量的提高，黑龙江垦区成为全国最大的绿色食品生产基地。

（二）北大荒：迈向绿色农业现代化

"天行健，君子以自强不息。地势坤，君子以厚德载物。"[①]北大荒集团的标志是丰厚的黑土地上喷薄而出的一轮朝阳。北大荒人通过开垦丰厚的大自然黑土地创造了从亘古荒原到中华粮仓的"北大荒奇迹"。进入新世纪以来，自强不息的"北大荒精神"将创造新的奇迹，那就是绿色农业现代化的世界 500 强，乃至世界 100 强的企业。

垦区作为国家队，它所担负的历史使命就是三大安全：国家粮食安全，是国家粮食战略储备库，抓得住，调得动，有效应对突发性事件；**民生食品安全**，是国家实现食品安全的最大基地，使全国人民吃上放心的食品；**生态屏障安全**，保障中国东北地区（包括内蒙古东部地区）的生态环境，特别是大小兴安岭森林生态功能区等生态系统是十分重要的、关系东北地区和全国生态安全的区域，是

---

① 出自《周易》。

人与自然和谐相处的示范区。① **北大荒需要实现两次跨越：从维护国家粮食安全到维护食品安全，再到维护生态安全。一个比一个重要，一个比一个艰难，一个比一个更具有挑战性。**这就是北大荒作为"国家队"所应该担负的历史使命和发挥的巨大作用。实际上，从经济学角度看，"三大安全"明显的正外部性，也正是北大荒为东北地区和全国作出的三大贡献。前两个贡献是可以定量评估的，后一个贡献很难评估，但是这一贡献更重要、更长远。

垦区未来的目标定位是：世界级绿色现代化农业企业集团。"北大荒"就是国内外知名品牌②**，"绿色农业现代化"就是核心国际竞争力。**它不仅是垦区自身的目标，也是黑龙江省的发展目标，也是我们国家的发展目标。它有三个含义和标志：首先，它是农业现代化企业，是世界最先进农业科技、最有效农业管理、最发达农业机械化装备的集大成的现代企业集团；其次，它是世界级企业，如上所述，既要进入世界同行业前10名，还要进入世界500强企业③；再有，它是绿色农业现代化的企业集团，它将创新绿色农业发展模式，发展绿色农产品，提供安全的绿色食品，建立绿色产业链，成为世界级绿色食品生产基地。④

---

① 详细信息参见国务院印发的《国家主体功能区规划纲要（2010—2020）》（2010年）。这是新中国成立六十多年来第一个全国国土空间开发规划，是深入贯彻落实科学发展观的重大战略举措，是科学开发国土空间的行动纲领和远景蓝图。

② "北大荒"品牌价值已经突破了100亿元，在2009年"中国最具价值品牌"排行榜中列第65位。

③ 2010年，"北大荒"销售收入与世界500强企业最后一名的大日本印刷销售收入相比，为它的49%。北大荒集团总公司加快内部整合，尽快形成"五个中心"（资金运营中心、资本管理中心、经营利润中心、域外发展中心、创新研发中心），进行外部收购和兼并（包括对海外农业和食品投资），将很快进入世界500强企业行列，成为世界最大的农业企业集团。

④ 到2015年，垦区绿色食品种植基地监测面积将达到3 000万亩，有机（出口）农产品基地面积达到300万亩；到2020年，分别达到3 800万亩和500万亩。（参见李阳等：《黑龙江垦区绿色食品二十年发展历程及成就与展望》，载《农场经济管理》，2010（5）。）

北大荒集团的绿色农业现代化，包括三个方面的目标。一是绿色能源和绿色资源。集约利用能源，万元 GDP 能耗下降；提高绿色能源比重，可再生能源消费比重持续提高；集约利用水资源，万元 GDP 水耗持续下降，农业灌溉水利用系数持续提高。二是建设绿色生态环境，持续提高城镇绿化覆盖率、区域森林覆盖率。三是提高绿色产品的生产能力，提高无公害农产品生产能力和产品质量，提高绿色食品生产能力和产品质量，提高有机农产品生产能力和质量。（见表 7—1）

表 7—1　　北大荒集团绿色发展指标（2010—2047）

	项目	单位	2010 年	2015 年	2020 年	2047 年
绿色能源与资源	1. 万元 GDP 能耗（标准煤）	吨	0.96	0.848	0.74	0.4
	2. 万元 GDP 水耗	立方米	1 015	611	348	31
	3. 农业灌溉水利用系数		0.53	0.56	0.6	0.67
	4. 可再生能源消费比重	%	10	17	20	35
绿色生态	5. 城镇绿化覆盖率	%	35	38	40	45
	6. 区域森林覆盖率	%	18.2	20	20.3	21
绿色产品	7. 绿色食品监测种植面积	万亩	2 116	2 560	4 000	4 300
	8. 绿色食品认证产品	个	257	360	500	800
	9. 无公害农产品产地认定面积	万亩	3 350	4 000	—	—
	10. 无公害农产品认证产品	个	501	760	—	—
	11. 有机农产品认定种植面积	万亩	216	240	300	2 000
	12. 有机农产品认证产品	个	187	300	350	500

资料来源：黑龙江省农垦总局：《黑龙江垦区现代化大农业规划纲要（2011-2047）》，2011-10。作者作了整理。

无论是从国际背景还是从国内环境看，垦区的核心目标是十分清晰的：一是打造"世界级超大型绿色现代化农业企业集团"，进入世界 500 强，加快进入前 400 位、前 300 位、前 200 位，甚至前 100 位。

二是各子公司要进入世界 2 000 强，进入世界同行前 10～20 位，进入中国 500 强。各子公司把未来目标聚焦在全国同行业乃至世界同行业，十几个产业化龙头企业要有明确的追赶对象，在全国同行业中追赶谁，在世界同行业中要明确具体的赶超对象、清晰的赶超路线图和时间表，把 2010 年作为基期年，明确 2015 年追赶对象、2020 年赶超对象。

三是实施北大荒品牌战略，争创中国品牌，争创国际品牌。"北大荒"品牌已经由区域性品牌变成了全国性品牌，"北大荒"品牌就是食品安全的象征和品牌。特别是要占领北京、上海、广州、香港等高端消费市场。将来还应成为世界品牌，拥有世界影响力和知名度。同样，完达山、九三等品牌也要由区域性品牌向全国性品牌乃至世界级品牌进军。

未来北大荒的绿色农业现代化之路是从传统农业到转型农业，再到现代化农业和城镇化农业，体现在高土地生产率、高劳动生产率、高机械化率、高科技进步率和高粮食商品率。集世界之大成，包括最新的农业技术，最先进的农机装备，最成熟的农业耕作方式和管理方式，最具竞争力的现代企业制度，最大规模的从粮食到餐桌的农业食品产业链，最安全的绿色食品监测、验证和追溯体系，世界最大的绿色食品基地。凡是世界有的，北大荒都有；世界没有的，北大荒能够独创。

（三）建设最新、最美、最绿的北大荒

伟大的中国需要伟大的梦想，伟大的中国企业也需要伟大的梦想。北大荒作为当今中国最大的现代化农业集团所怀揣的伟大

梦想，即"百年垦区梦想"，就是要建成最新、最美、最绿的北大荒。

它的含义是什么呢？最新就是最现代化的北大荒；最美就是自然美与人工美有机结合的使人健康、快乐、幸福的北大荒；最绿就是通过构建三大绿色体系（绿色农业体系、绿色产业体系和绿色城镇体系）形成的人与自然和谐的绿色北大荒。我们可以简称为"现代北大荒"、"绿色北大荒"、"幸福北大荒"。

实现上述"百年垦区梦想"的目标，核心是建立三大体系：绿色农业体系、绿色产业体系、绿色城镇体系。

绿色农业体系。所谓"绿色农业"，是指以生产并加工销售绿色食品为轴心的农业生产经营方式。绿色食品是指遵循可持续发展的原则，按照特定方式进行生产，经专门机构认定的，允许使用绿色标志的无污染的安全、优质、营养类食品，包括"三品"，即无公害农产品、绿色食品和有机食品。垦区大力发展低碳农业。大幅增加土壤碳汇，如2009年推广免耕技术3 300万亩，占全部耕地的80.5%，秸秆还田2 300万亩，占全部耕地的56.1%。大幅增加森林碳汇，如造林绿化30万亩。大力推进农林废弃物资源化和资源化利用，到2014年拟再建设大型沼气工程51处、秸秆气化项目20个、稻壳发电项目16个。

绿色产业体系。绿色产业是指积极采用清洁生产技术，采用无害或低害的新工艺、新技术，大力降低原材料和能源消耗，实现少投入、高产出、低污染，尽可能把对环境污染物的排放消除在生产过程之中的产业。生产环保设备的有关产业，它们的产品称为绿色产品。按照"低消耗、低排放、高效率"的循环发展模式，通过"生产装置互联、上下游产品互供、废弃物相互利用"，打造一批产业集聚、用地集约、布局优化、节能环保、功能配套、技术领先、效益突出的生态工业园。大力开展资源综合利用，在生产领域中实施废弃物产业延伸和耦合，提高工业"三废"综合利用率，实现废弃物的循环利用。

绿色城镇体系。该体系是指采用建筑科技和节能减排措施，城乡统筹和社会发展同步，资源利用与产业发展协调，自然生态与环境得到有效保护，基础设施与社会设施配套，居住与环境协调，社区服务健全，地域文化与城市特色融合。建设城镇快速公交系统。加快清洁能源替代项目建设，大力推进城镇集中供暖。大力推进城镇污水达标排放。到 2012 年，所有中心城市和重点城镇的污水处理厂建成并规范运营。加快城市绿化步伐。积极推行建筑节能。鼓励新建居住建筑应用太阳能热水系统，扩大太阳能、地热能等可再生能源利用。营造以低碳经济为主流的社会环境，加快对各级办公大楼低碳化运行改造。建设各具特色、各具风格，最新、最美、最绿的宜居城镇和旅游名镇。

二、亿利集团：创造大漠绿色奇迹[①]

亿利资源集团践行绿色发展，创造绿色奇迹，称得上是"当代愚公、大漠奇迹、绿色创新、造福人类"。

——作者调研手记，2011 年 11 月

库布其沙漠位于内蒙古鄂尔多斯高原北部，是中国第七大沙漠，也是北京沙尘暴的三大源头之一。库布其沙漠东西长 262 公里，总面积 1.86 万平方公里。库布其沙漠位于黄河南岸，其北是

---

① 本节基于作者的调研报告，胡鞍钢、刘珉、魏星：《绿色奇迹：亿利资源集团调研报告》（2011 年 12 月）。

黄河，几百里黄河宛如弓背，迤逦东去的茫茫沙漠宛如一束弓弦，组成了巨大的金弓形，库布其在蒙语里是"弓弦"的意思，再往北是阴山西段狼山地区。其沙漠来源，可能有三：来自古代黄河冲积物，来自狼山前洪积物，就地起沙。

古有愚公移山，挖山不止，惠及一方百姓。今有现代愚公，治沙不止，造福后代。

1988年，在当初名不见经传的盐海子，亿利人踏上了艰辛的创业征程。1997—1999年，公司打通了库布其沙漠第一条穿沙公路，并拉开了挑战大漠、发展甘草等沙产业的序幕。二十多年来，亿利资源的产值以年均近60%的增速发展。它采取"科技治沙、工程治沙、产业治沙"的方式，实现了"生态、富民、兴业、环保"的多赢。在国家没有投入一分钱的情况下，绿化沙漠5 000平方公里。亿利资源集团创建了在世界上有影响的沙漠化防治和沙产业平台，构筑了中国西部最大的以煤炭为主体、以PVC为主线的"绿色能源"化工循环经济产业园区，走上了一条**"科技带动企业发展，产业带动规模治沙，生态带动民生改善"**的绿色发展之路，展现了极强的绿色正外部性。

（一）大漠奇迹

"敕勒川，阴山下。天似穹庐，笼盖四野。天苍苍，野茫茫，风吹草低见牛羊。"①

这首古代民歌，歌咏的是我国北朝时期阴山脚下的广阔草原壮丽富饶的风光，抒写敕勒人热爱家乡、热爱生活的豪情。据史料记载，商朝时期，库布其是一片草木繁盛、肥美富饶的良田，我国猃狁、戎狄、匈奴等古代少数民族都曾在这里游牧狩猎，商

---

① 南北朝民歌《敕勒歌》。

朝还在这里建设了朔方城。汉朝时期，汉武帝打败匈奴，在这里设立了朔方郡，修葺了朔方城，使得库布其成为当时我国北方少数民族和中原民族联系和交融的重要通道和地点。但由于历朝历代不断在此发动战争，并实施大规模的移民戍边，使得当地民不聊生，大片草地逐渐荒漠化、沙漠化。直到新中国成立，这里已经彻底变成了沙漠，成了死亡之海、不毛之地。

亿利资源集团自创业以来，在发展沙漠新经济主导产业的同时，二十多年如一日，以沙漠产业化的方式绿化库布其沙漠5 000多平方公里，相当于六七个新加坡的国土面积，控制荒漠化面积1万平方公里，占中国沙漠总面积的近1/100，有效改善了当地及周边的生态环境，保障了北京等周边地区的生态安全，并创造了大量的碳汇。

荒漠化治理是世界性的难题，荒漠化造成的危害给人们生产生活带来了严重的负面影响。我国西北、华北北部、华北西部地区每年约有2亿亩农田遭受风沙灾害，粮食产量不稳定，有15亿亩草场受到荒漠化影响而退化，城市受到沙尘暴影响，环境质量大幅下降。依据《联合国荒漠化公约》秘书处资料，荒漠（干旱）生态系统不仅占到地球陆地表面的41.3%，同时影响20亿人口。荒漠（干旱）生态系统为人类提供的食物占到1/3，世界牧产品的50%产自荒漠（干旱）生态系统。以色列以防沙治沙、发展现代集约农业而闻名于世。以色列位于中东地区，是亚、非、欧三大洲结合处。库布其沙漠位于内蒙古高原北部，年平均气温为0℃~8℃，气温年差平均在34℃~36℃，日差平均为12℃~16℃，年平均降水量不足100毫米。库布其沙漠与以色列的沙漠面积相当，纬度相近，而自然气候却比以色列差，全年平均气温和降水量都严重不足。然而就是在自然条件如此恶劣的情况下，23年来，亿利人凭着一种执著的精神，凭着敢为人先、视天下人安危为己任的信仰和持之以恒、治沙不止的愚公精神，直接间接投入了 30 多亿元资金，创造了大漠奇迹。

亿利集团 20 多年的生态建设，5 000 多平方公里的绿化成果，涵养了沙漠水源，改善了区域生态环境，使这个地区的沙尘暴由十几年前的每年六七十场（次）减少到现在每年只有三到五场（次），降雨量由十几年前的每年几十毫米增加到现在每年的三百多毫米，彻底改变了当地"一年一场风，从春刮到冬"的恶劣环境，有效地遏制了北京等周边地区的沙尘影响，阻隔了冲向母亲河的泥沙，切实保障了北京等周边地区的生态安全，并创造了大量的碳汇。

亿利资源集团通过三大工程的实施，不仅实现了防水治沙的良好效果，而且创造了五大效益。一是生态效益显著。累计种植乔木 10 多万亩、柠条和优质牧草 110 多万亩、沙柳 100 多万亩，复合间种和封育甘草 220 多万亩。二是社会效益突出。穿沙路使"物尽其用，货畅其流"，七星湖旅游区带动了县域服务业的发展，改善了生存、生产和生活环境。三是经济效益明显。2009 年亿利资源以甘草为主的中药产业直接收入已超过 10 亿元，所拉动的医药产品销售额在 30 亿元左右。四是示范效益较高。鄂尔多斯民营企业非公造林总面积占到全市 80％之多，参与沙漠治理的企业有 50 多家，造林大户有 2 500 多家。五是环境明显改观。荒漠变绿洲，涵养了水源，改善了当地的小气候，遏制了刮向北京的沙尘暴，阻隔了冲向母亲河的泥沙。

新的时期，亿利人又有了新的规划，力争再用五年左右的时间，绿化库布其沙漠面积达到 1 万平方公里，沙漠经济产业完成投资 2 000 亿元，为我国荒漠化防治和绿色能源产业的发展作出更大的贡献。库布其沙漠地带，有着辉煌的过去，更会有灿烂的明天。通过治理开发，"天苍苍，野茫茫"，天空是青苍蔚蓝的颜色,草原无边无际,茫茫的草原风光一定会再现。

(二) 绿色创新

"今日长缨在手,何时缚住苍龙?"① 亿利人治沙靠的是愚公移山的精神,靠的是不断创新的精神。

在长期的实践中,亿利人总结探索了"锁住四周,渗透腹部,以路划区,分而治之,技术支撑,产业拉动"的防沙用沙技术和"路、电、水、讯、网、绿"六位一体的治沙方针,实施了三大治沙工程。首先是"修路绿化"。累计修筑了5条全长近500公里的穿沙公路,在路的两侧种植了2 000多平方公里的沙柳、甘草等经济作物林。二是建设"防沙锁边林工程"。在修路绿化的同时,在库布其沙漠北缘、黄河南岸建设了一道全长242公里防沙锁边林带,绿化面积达1 000多平方公里,用绿色屏障牢牢锁住沙漠,有效遏止了沙尘的蔓延,遏制了泥沙向黄河倾泻。三是建设了"沙漠腹部生态修复工程"。通过生态移民、自然恢复,结合飞机飞播和机械化植树,特别是通过新技术植树等措施,大大提高了沙漠植树绿化效率。通过这种方式,仅用五年的时间就绿化了2 000多平方公里的沙漠,实实在在地改善了当地及周边地区的生态环境。

通过治沙,不但改变了生态环境,也改变了人与自然的关系,使其从"天人互害"向"天人互益"转变。大自然给予人类丰富的回馈,"贫瘠荒漠"变成了沙漠资源、阳光资源、生物质资源的聚宝盆,为亿利集团带来了源源不断的绿色财富。依托沙漠,亿利集团发展了三大绿色产业:

一是清洁能源新材料循环经济产业。按照"绿色、集约"和

---

① 毛泽东:《清平乐·六盘山》(1935年10月)。

"集中、集约、集聚、集群"的发展宗旨,坚持"产业集群规模化、股权投资多元化、循环经济一体化"的发展模式,在库布其沙漠的东缘和北缘分别建设了两个清洁能源新材料循环经济产业园区。

二是现代甘草医药产业。在沙漠适宜地方大规模种植了既能防风固沙又有药用价值的甘草200多万亩,这是治沙和发展沙产业的最大突破口。通过甘草种植,既实现了防沙绿化的目的,又让其产生了经济效益,一举双得。目前甘草医药产业规模已达40亿元,现正在积极谋划医药产业的整体上市。

三是沙漠旅游和沙漠现代农业。依托沙漠自然景观和二十多年创造的绿色空间,发展了沙漠旅游产业。特别是在库布其大漠腹地建成了别具特色的库布其沙漠七星湖酒店、沙漠博物馆和集全球500多种濒危沙生植物的世界沙生植物博览园。

亿利资源集团所走之路,是中国特色社会主义的企业创新之路、生态建设创新之路、循环经济绿色发展之路。亿利人的创新源于自然、益于自然,源于社会、益于社会。亿利资源集团在库布其沙漠防治荒漠化和发展沙漠绿色经济的经验和模式,被称为全球荒漠化防治与土地可持续管理的"库布其模式"。在《联合国防治荒漠化公约》第十次缔约方会议上,"库布其模式"被誉为全球荒漠化防治与土地可持续管理领域最成功的实践典范。

"库布其模式",是指在国家的支持下,采取科学治沙、工程治沙、产业治沙的办法,发展沙漠治理、天然药业、清洁能源三大产业,成功绿化库布其沙漠,在荒漠化地区切实找到"沙漠、绿色、民生、产业"互动发展的新路子,探索出"政府政策性支持、企业产业化投资、农民市场化参与"的防治荒漠化新机制,创造科学高效的荒漠化防治和沙漠绿色经济发展的新模式,实现"民生、经济、环境"的共赢。

"库布其模式"的本质是绿色创新，概括起来有四个方面的创新：

一是理念创新。最大的创新是理念的创新，亿利资源集团秉承"绿色、循环、清洁、低碳"的发展理念，将"发展清洁能源、创新沙漠生态、改善人居环境"作为发展使命。亿利集团的理念是绿色发展理念，对于大自然不是竭泽而渔，而是先予之后取之；不是"天人互害"，而是"天人互益"；是变废为宝，化害为利的理念。

二是科技创新。建立以企业为主体的技术创新体系，科学推进"政产学研用"体系结合，通过开展大学科、多领域、全过程的技术协作攻关、技术引进、自主研发，推进了企业健康发展。企业还与十多个国内外的科研机构合作，建立了沙漠研究所，整合了沙漠专家库，引进了多个技术合作项目（如比利时的保水肥料），开发了多个治沙技术专利，研发出了水冲植树新技术、甘草平移技术、梭梭红柳嫁接苁蓉技术、白刺嫁接锁阳技术等专利技术，为从事沙漠治理事业提供了强有力的支撑。

三是产业创新。亿利资源集团二十多年来依靠产业积累，累计投资30多亿元，形成了以产业带动防沙治沙、以治沙促进产业的良性互动发展机制，深刻认识沙漠资源、深刻了解沙漠资源，发展甘草药、沙柳，新能源，沙漠旅游业等人与自然双赢、人与自然共生共荣的产业。

四是机制创新。使政府、企业、农户成为一个真正的利益共同体，从增强农牧民生态环境意识观念入手，通过参与式的管理与他们建立合作伙伴关系。因地制宜，重新认识和探索把沙漠变绿洲、把沙子变金子、把资源变财富的可能性与实现方式，从根本上转变了落后的生产方式和生活方式。

（三）造福人类

二十多年的实践，亿利资源集团在贫瘠、贫困的荒漠地区切实找到了一条"生态与生计兼顾、富民与环境结合、产业与防沙互动、美丽与发展共赢"的多赢之路，创造了以"科技带动企业发展，产业带动规模治沙，生态带动民生改善"的库布其模式，实现了"民生、环境、经济"的共赢。在为企业带来巨大利润的同时，也产生了巨大的社会效益、生态效益，造福一方百姓，惠及中国，乃至人类。

第一，改善当地民生。企业的生态建设工程每年可以为当地农牧民提供就业收入1亿多元，沙产业基地可以为当地农牧民提供5 000多个就业岗位。同时，企业对他们进行专业技能培训，使他们成为新一代生态建设工人、旅游服务人员和集约化养殖种植能手。生态产业带动当地百姓每年增加收入3亿元以上，牧民人均年纯收入从过去的2 000多元增加到3万多元。通过防沙绿化通路，绿化美化家园，改善了沙区农牧民的生产生活条件和人居环境。企业还投资1亿多元，建设了"全托全免"的沙漠学校，让沙漠里的农牧民孩子接受到了良好的基础教育。

第二，以企业行为在沙漠中大面积治沙防沙，并取得显著成效。共投入资金20亿元，整合绿化了5 000平方公里的荒漠土地，为中国北方构筑了一条全长240多公里的绿色生态屏障，并且大力发展了沙漠甘草医药、沙漠旅游、沙漠现代农业、新能源、新材料等沙漠经济产业。

第三，首创通过企业行为开办工业园区。园区定位为清洁能源基地，发展理念是"绿色、循环、清洁、低碳"。除了工业园区产业发展外，鄂尔多斯市政府和亿利资源集团共同开发建设20万人口的"沙漠低碳特色小城镇"，以改善10万产业工人和10

万农牧民的人居环境。

亿利资源集团是全球最大的沙漠绿色经济企业。创业二十多年来,本着"绿色、循环、清洁、低碳"的发展理念和"引领沙漠绿色经济,开拓人类绿色空间"的发展使命,大力进行绿色投资,集中精力发展绿色产业,改善了区域生态环境,促进了地区经济绿色发展,为内蒙、三北地区乃至中国生态环境改善作出了积极贡献,为全球治理荒漠化、应对气候变化、绿色发展提供了典型经验。

三、华锐风电:创造绿色能源奇迹

自 2006 年《可再生能源法》实施和 2007 年《可再生能源中长期发展规划》颁布以来,中国的清洁能源发展势头强劲。其中,尤以太阳能和风电产业的发展最引人注目,并得到国际能源署的认可和称赞。[①]

在绿色能源的大潮中,华锐风电顺势而上,脱颖而出。华锐风电科技(集团)股份有限公司是中国风电设备制造业中排名第一的企业。从 2006 年开始承接国内大型风电特许权项目和示范工程项目,在短短的几年时间里实现了跨越式发展,行业排名从全球第七跃升至全球第二。

华锐风电的发展,可以说是借国家政策之"东风",顺应时代潮流,勇于挑战世界第一,善于不断创新,书写了中国和世界

---

① 国际能源署首席经济学家比罗尔(Fatih Birol)在 2011 年 12 月 6 日接受路透社记者采访时称:到 2020 年,中国风能和太阳能的装机容量将达到 1.8 亿千瓦,相当于过去 40 年其他国家装机容量的总和。(参见路透社:《国际能源署称中国清洁能源持续增长》,见中国商务部网站,2011 - 12 - 07。)

的绿色企业发展奇迹。

(一) 后发先至,挑战全球第一

华锐风电成立于 2006 年,到 2011 年刚满五周岁,与世界老牌风电企业相比,可谓是后来者。例如目前世界排名第一的丹麦威斯塔斯(Vestas)风力技术公司,1979 年就开始生产风电装机,1986 年就进入中国市场。

然而就是这样一家初生牛犊不怕虎的企业,在短短几年时间里,就创造了绿色企业赶超的奇迹。2006—2009 年,仅仅用了三年的时间,华锐风电就超过当时国内排名第一,且成立时间已有八年的风机整机生产厂商金风科技。随后华锐不断超越全球领先的风电企业,2008—2010 年度新增风电装机容量由 1 403MW 增至 4 386MW,增长两倍以上,行业排名由全球第七跃升为全球第二。同时,这一期间,与世界第一的威斯塔斯的相对差距急剧缩小。以华锐风电—威斯塔斯赶超指数来计算,可以看到华锐在各方面都在追赶威斯塔斯。2008 年营业收入的赶超指数只有 8.5%,到 2009 年急剧上升到 28.4%,到 2010 年进一步上升到 32.7%;更加快速的追赶是,2008 年全球市场份额的赶超指数只有 22.9%,到 2009 年急剧上升到 71.9%,到 2010 年有所下降,但还维持在 68.1%(见表 7—2)。华锐已经成为行业跨越式发展的领先者和成功典范。

表 7—2　　华锐风电—威斯塔斯赶超指数(2008—2010)　　单位:%

	2008	2009	2010
营业收入	8.5	28.4	32.7
利润	5.4	26.9	30.1
全球市场份额	22.9	71.9	68.1
新增装机容量	25.1	57.3	75.1

说明:赶超指数是指华锐风电相对于威斯塔斯的百分比;本表系作者计算,计算数据来源于华锐风电 2010 年年报,维斯塔斯 2008—2010 年年报。

伴随着急剧扩张，华锐也面临着各方面的挑战。过去五年来，风电设备制造业内企业数量不断增加，产能扩充，市场竞争日趋激烈。和其他企业一样，华锐也出现了企业利润下滑。① 同时，作为全球市场令人敬畏的竞争者，也面临着形形色色贸易保护主义的阻力，面临着反向的绿色贸易壁垒。②

面对挑战，华锐积极应战，肩负重大装备国产化的历史使命，以向全世界、全人类奉献清洁能源为己任，以"挑战、创新、超越"为核心企业文化，提出了将公司打造成为全球最具竞争力的风电设备企业，实现五年内挑战全球第一的战略目标。华锐还提出响亮的口号："奉献清洁能源、驱动世界发展"。我建议，所有的企业要学习华锐公司，提出自己跨越式发展的追赶目标，定位并打造本行业中国与世界的领先者。

（二）水涨船高，时势造英雄

华锐的高速成长是中国绿色发展大潮的一个缩影。水涨船高，国家政策的东风为绿色企业发展创造了空前的机遇，而华锐抓住了这一机遇，成为时代的弄潮儿。

从 2006 年开始，有关可再生能源的政策体系日趋完善，在法律保障、规划保障、价格保障、市场保障、财税支持以及技术

---

① 华锐集团在 2011 年发布的第三季度公报显示：公司 2011 年前三季度盈利为 9.01 亿元，同比下降 48.51%。

② 2011 年 9 月 14 日美国超导公司宣称华锐盗窃知识产权和合同违约，提出刑事和民事诉讼，而华锐则对此提出反诉，认为美国超导的说法严重失实。华锐最初的合作伙伴是奥地利 Windtec 公司，双方签署的 3 兆瓦、5 兆瓦风机开发协议明确约定华锐作为总负责人，并拥有全部知识产权。只是后来 Windtec 公司被美国超导收购，合作方才变成了美国超导。同时，美国超导所提供的产品在技术质量和服务方面存在严重问题，无法满足中国电网的低电压穿越功能要求，致使华锐拒收其货物，并依靠自己的科研力量独立完成技术改造。因此，华锐对超导公司提出违约诉讼。

标准等方面，全方位支持风电产业的发展，形成了完备的绿色政策体系。（见表7—3）

表7—3　支持风电行业发展的政策体系（2005—2011）

政策类型	政策文件	年份
法律保障	《可再生能源法》	2005
规划保障	《可再生能源中长期发展规划》	2007
价格保障	《可再生能源发电价格和费用分摊管理试行办法》	2006
	《可再生能源电价附加收入调配暂行办法》	2007
	《国家发展改革委关于完善风力发电上网电价政策的通知》	2009
市场保障	《国家发展改革委关于风电建设管理有关要求的通知》：风电设备70%以上国有化率	2005
	风电特许权招标项目	2006
	可再生能源发电全额保障性收购制度	2009
财税支持	《可再生能源发展专项资金管理暂行办法》	2006
	《风力发电设备产业化专项资金管理暂行办法》	2008
技术标准	《大型风电场并网设计技术规范》等18项风电技术标准	2011

说明：政策划分方式参考齐晔：《中国低碳发展报告（2011—2012）：回顾"十一五"展望"十二五"》，103～105页，北京，社会科学文献出版社，2011。

在法律方面，2005年制定、2006年正式实施，并在2009年进行修订的《可再生能源法》给出了有关风电发展的基本政策框架和保障，包括资源调查与发展规划制度、产业指导与技术支持要求、可再生能源并网发电项目的行政许可制度、招标制度、并网协议及全额收购制度、价格管理与费用分摊制度、经济激励与监督措施，等等。

在中长期规划支持方面，2007年8月国家发改委发布了《可再生能源中长期发展规划》，提出实现风电设备制造自主化，尽快使风电具有市场竞争力的目标，计划到2010年，全国风电总装机容量达到500万千瓦，到2020年，全国风电总装机容量达到3 000万千瓦。

在价格保障方面，2006年国家发改委制定了《可再生能源发电价格和费用分摊管理试行办法》，要求风力发电项目的上网电价实行政府指导价，电价标准由国务院价格主管部门按照招标形成的价格确定；2007年则进一步制定了《可再生能源电价附加收入调配暂行办法》，为扶持可再生能源而在全国销售电量上均摊加价；2009年对于风力发电的价格进行了规范，通过《国家发展改革委关于完善风力发电上网电价政策的通知》，将全国分为四类风能资源区，制定相应的风电标杆上网电价。

在市场保障方面，对于国内风电设备制造商最有利的政策是2005年7月出台的《国家发展改革委关于风电建设管理有关要求的通知》，规定风电设备国产化率要达到70%以上，以此来支持和保护国内风电设备制造企业，直到2010年1月才取消了此项政策。此外，从《可再生能源法》开始，之后逐步完善的"风电特许权招标项目"，也成为推动国内风电行业发展的关键制度。2009年起，随着《可再生能源法》的修订，可再生能源发电全额保障性收购制度确立。

在财税支持方面，根据《可再生能源发展专项资金管理暂行办法》，"可再生能源发展专项资金"，采用无偿资助和贴息贷款两种方式促进可再生能源行业的发展；而《风力发电设备产业化专项资金管理暂行办法》则规定，对满足支持条件企业的首批50台风电机组，按600元/千瓦的标准予以补助，其中整机制造企业和关键零部件制造企业各占50%，并要求产业化资金必须用于风电设备新产品研发的相关支出。

最后，针对风电行业存在的并网问题，研究制定了《大型风电场并网设计技术规范》、《风电场接入电力系统技术规定》、《风电机组低电压穿越能力测试规程》、《风电调度运行管理规范》、

《风电功率预测功能规范》等 18 项技术标准，对风电设备的质量进行规范。

国家政策的大力支持，带来整个风电行业的迅速发展。2005 年年底，全国有并网风电场 60 多个，总装机容量 126 万千瓦，偏远地区有 25 万台小型独立运行的风力发电机，总容量约 5 万千瓦。在风能设备生产能力方面，能够批量生产单机容量 750 千瓦及以下的风电设备。相比国际先进水平，当时的国产风电机组单机容量较小，关键技术依赖进口，零部件质量不高。2010 年，全国风电总装机容量达到 4 146 万千瓦，为 2000 年的 121 倍（见表 7—4）。

表 7—4　　全国风电装机容量变化情况（2000—2010）　　单位：万千瓦

年份	2000	2005	2006	2007	2008	2009	2010
新增装机	7.7	50.7	128.8	331.1	615.4	1 380.3	1 892.8
累计装机	34.2	126.0	255.5	586.6	1 202.0	2 580.5	4 146.0

风电行业高速发展，在 2010 年就提前完成了 2020 年的目标，国家的调控方针也出现变化，转向对风电开发的控制。国家能源局一方面收紧了风电审批权，同时在 2011 年 8 月又向各省下发了《关于"十二五"第一批拟核准风电项目计划安排的特急通知》，将全国拟核准风电项目控制在 2 883 万千瓦，并将指标分解到各省。

首先是取消了对于国内风电机组装备生产企业有着重大保护作用的"70%国产化率"政策，同时也取消了许多财税优惠，并对风电项目建设的审批开始控制，制定了一系列风电设备的国家标准，增加了风电制造商的成本压力。

可以预测，中国风电设备制造行业，在前五年的飞速发展之后，即将迎来新的挑战与行业整合。而在这一过程中，企业自身的研发能力和核心竞争力，将成为其在更加激烈的市场竞争中制胜的核心资本。

(三) 从引进到自主创新

华锐成功的关键，除了恰逢国家政策对风电行业的大力支持之外，更重要的在于企业家创新能力的充分发挥，以及在市场定位过程中，华锐风电对于自主研发能力建设的高度重视。

(1) 第一阶段：引进先进技术，抢占市场先机

华锐风电成立之初，面对的是国内其他先行企业的技术领先优势、市场份额优势。华锐不是亦步亦趋模仿，也不是一城一池打攻坚战，而是采取了一条最短的跨越式路径。通过引进和购买最先进的国际技术，并实现国产化、规模化生产①，以此为契机，后发先至，迅速抢占市场空白，以后来者的身份占据市场先机。

(2) 第二阶段：联合开发先进技术，引领国内创新

面对国内海上大兆瓦风机的巨大市场需求②，国内厂商普遍缺乏制造经验，而华锐集团则迎难而上。华锐通过和国外先进技术公司联合研发，同时注重拥有自有的知识产权③，突破了

---

① 例如，通过购买德国 Fuhrlander（富兰德）FL1500 系列风机的生产许可证，引进国外的 1.5 兆瓦技术，生产出全国第一台 1.5 兆瓦风电机，并在此基础上开发适应多种风资源和环境条件的 1.5 兆瓦系列化风电机组，完成风电机组的国产化配套产业链，2006 年 6 月下线，实现了国产化兆瓦级风电机组的规模化生产。而当时国内排名第一的风电整机制造商金风科技生产的主要设备是 750 千瓦机型，直到 2007 年才开始产出 1.5 兆瓦机型，到 2008 年才开始批量生产。

② 2007 年，中国第一个国家海上风电示范项目——上海东海大桥海上风电场 10 万千瓦项目计划安装 34 台 3 兆瓦的风机。

③ 华锐风电重金要求奥地利 Windtec 公司帮助联合开发海上 3 兆瓦风电机，并在此过程中特别注意拥有自己的知识产权。"我们出钱，对方出人，他们给我们打工，我们拥有知识产权。"

技术瓶颈，培养了自主研发能力①，成功打破了国外对于海上大功率风电机组的技术垄断，成为国内这一领域的领头羊②和最大的赢家③。

(3) 第三阶段：自主创新，引领国际创新

2009年，华锐在江苏盐城成立了海上风电技术装备研发中心，获得国家5 000万元的专项研究补助和7 700万元的中央财政补助资金，成为全国唯一一家以海上风电技术装备研究为主的国家级研究中心。

华锐风电不断提高自主研发能力，不断取得新的技术突破，不断研发出功率更大、技术水平更高的风机④，不断攀登新的高峰，逐步从国内领先走向国际领先，摆脱了过去"买图纸"、受制于人的发展阶段，成为国际技术前沿的有力竞争者⑤。

纵观华锐风电的发展历程，它在短短的三年时间里，就一跃成为全国第一的风电设备制造商，接着仅仅用了两年时间，就从全球排名第七跃升至排名第二，这种"跨越式"的发展成果，除

---

① 在项目实践过程中，华锐也更加了解了我国的海上环境；在机组研发过程中，着力开发防腐、抗台风、抗盐雾、低成本维护等技术，提升了自己的技术实力。

② 2008年12月中国第一台3兆瓦海上风电机组下线，2009年3月20日该风电机组一次整体安装成功，2010年2月成功建造了采用34台3兆瓦风电机的海上风电场，并一次性顺利通过240小时的预验收考核，2010年6月8日起并网发电，并顺利运行至今。

③ 2010年10月国家首轮海上风电特许权100万千瓦招标项目华锐风电中标60万千瓦，获得江苏滨海和射阳两个近海项目，以及大丰C4国家潮间带30万千瓦示范项目，成为首轮海上风电特许权招标中最大的赢家。

④ 2010年5月华锐出产了中国首台5兆瓦风电机组，2011年5月成功研发出6兆瓦的风电机组，在中国风电机组中单机容量最大，在国际上也处于领先水平。

⑤ 2011年10月20日华锐风电生产的SL1500/82机型获得德国劳埃德船级社（GL）颁发的A级设计认证证书，成为中国获得世界权威机构认证证书的首家风电设备制造企业。

了应该归功于国家政策对国产风电机组的大力支持之外，企业家创新精神的充分发挥、对自主研发的投入也是成功的关键所在。

四、中国企业绿色创新之道

绿色创新包括绿色理念、绿色体制、绿色观念的创新；同时这一人类最大规模的绿色创新，包括国家创新、地方创新、企业创新、个人创新，是13.4亿人民共同的绿色创新。中国企业的绿色创新之道就是充分发挥中国企业独具的优势，包括以下几个优势：

第一，两只手并用的优势。

中国发展成功是充分利用"两只手"，即"市场之手"和"政府之手"两种机制及两个优势。这里，"政府之手"就是国家战略决策、国家发展指导、国家政策支持。国家通过发展规划或者意见通知等文件给予指导。国家的政策支持包括财政支持、金融政策支持、产业政策支持、人力资本支持等。

绿色发展不仅要靠政府引导、国家规划，更需要发挥市场的能动作用。中国是世界上绿色产品的最大市场，中国也会成为绿色产品的最大消费国、生产国和出口国。从正确认识和处理政府与市场的关系来看，"两只手"总是比"一只手"要好，"两只手"相互配合总是比相互排斥要好，"两只手"的合力总是比"一只手"的单力要强。"两只手"并用突出表现为政府投资引导、市场主体投资为主。

第二，两条腿走路的优势。

民营经济在绿色发展中同样可以发挥重要作用。从国有经济与非国有经济的关系来看，如同"两条腿"走路，总是比"一条腿"走路要好、要稳、要快。所谓民营经济"无足轻重"的思想要不得，中国企业的发展历程及绿色发展贡献给出了经实践检验的真理：国有经济和民营经济的竞争并非"零和博弈"，强强联合、国（企）民（企）联合，不仅环保，而且市场效益良好，实现了企业之间的双赢，环保和生产的双赢。

第三，三类创新优势。

中国作为后发国家，中国的企业作为绿色发展的后发企业，可以同时发挥三类创新优势：一是通过技术引进实现快速创新、快速追赶；二是中国企业还可以进行模仿创新，加快技术追赶步伐；三是中国企业还能够自主技术创新，大大加快技术追赶步伐。这三类创新优势相互叠加，大大提高了中国的技术创新速度，缩小了中国企业与先行企业的发展差距，使得中国企业在全球创新竞赛中，先是积极跟随，接着是迅速追赶，进而实现创新引领。

第四，两种合力优势。

中国企业的发展最佳定位是公（国家）、私（企业）兼顾；最佳策略是公私双赢；最优路径是 45 度线，横坐标是企业自身发展战略，纵坐标是国家发展战略。企业要将国家的方针政策用足用透，不管是发展的目标定位，还是体制的改革方向，都以国家的引领为重要依据，从而形成合力优势。企业自身努力和外部政策支持共同推动，企业加快了发展，国家的战略得以顺利推进实施。

第五，两种属性优势。

中国的企业除了创造企业利润之外，中国的企业家更具有企业家责任、企业家奉献精神。这一方面是由于中国传统文化倡导"造福百姓"，"一方有难，八方支援"，"吃水不忘挖井人"，更重要的是社会主义企业本身所具有的特点。社会主义企业虽然要创造利润，但是不能"唯利是图"，而是要承担社会责任，服从国家的大局，不但是"经济人"，还是"社会人"。

"俱往矣，数风流人物，还看今朝。"① 中国的绿色企业已经成为时代舞台、世界舞台的弄潮儿。中国崛起的标志是越来越多的中国企业进入世界500强企业，中国绿色崛起的标志是越来越多的中国绿色企业进入世界500强企业。

---

① 毛泽东：《沁园春·雪》(1936年2月)。

第八章

总结：绿色中国与绿色地球

中国前途远大，中国的奋斗就是全人类的奋斗！中国的经验对全人类非常重要！①

——科斯（2008）

参与绿色革命，实行绿色发展，促进绿色合作，作出绿色贡献。②

——胡鞍钢（2009）

---

① 科斯：《在芝加哥大学"中国经济制度改革"研讨会上的讲话》，2008-07-14。

② 胡鞍钢、管清友：《中国应对全球气候变化》，"封面语"，北京，清华大学出版社，2009。

农耕文明是黄土文明，工业文明是黑色文明、褐色文明，生态文明是绿色文明。人类发展总是经历从肯定到否定再到新的肯定，从天人合一到人定胜天再到人与自然和谐。

中华民族曾经在数千年的时间里创造了人类历史上最为辉煌的农耕文明，中国长期以来是世界上幅员辽阔、人口最多、经济总量最大、最为强盛的国家，还是世界最悠久、最优秀、具有多样性与统一性、连续性与创新性的东方文明体。

18世纪中叶，人类进入工业文明时代，面对汹涌而至的工业化浪潮，中国仍是以我为中心的骄傲自大的封闭者，先后失去世界第一次和第二次工业革命的机会，迟迟没有能转向工业经济、工业社会、工业文明，不可避免地沦为边缘者和落伍者，老大帝国急剧衰落，最终沦为一盘散沙的东亚病夫。中国因落后而不断挨打、不断被欺凌、不断被侵略，也因被欺负而不断反抗、不断斗争、不断革命。

直到1949年新中国成立，中国才正式发动了工业化、城镇化和现代化，成为工业文明的追赶者，独立自主地建立了比较独立、完整的工业体系和国民经济体系。改革开放以后，中国成为第三次工业革命，即信息化革命的跟随者、积极参与者，中国经济起飞、迅速崛起，与西方发达国家的差距迅速缩小，在世界的地位、作用和影响力日益上升。

21世纪上半叶，人类历史正处于一个全新的转折点上。一方面，人类正面临着黑色工业文明带来的前所未有的生态危机和气候变化的挑战；另一方面，人类正迎来前所未有的第四次工业革命，创新绿色经济、创新生态文明。

伟大的历史将塑造伟大的民族，伟大的时代将构建伟大的国家。中国将成为绿色工业革命的发动者、绿色发展的引领者、绿色文明的构建者。21世纪中国的发展就是科学发展、绿色发展，中国的崛起就是和平崛起、绿色崛起，中国的现代化就是全面现代化、绿色现代化，中华民族的复兴就是生态文明复兴、绿色复兴，中国对人类的贡献就是发展贡献、绿色贡献。

一、中国绿色发展创新

"自信人生二百年，会当水击三千里。"

21世纪将是绿色文明的世纪，绿色发展潮流浩浩荡荡，将以不可阻挡、不可遏制之势席卷全球。二百多年来，中国这一东方巨人首次屹立于世界发展大潮的前沿，成为世界历史的创造者，成为时代潮流的引领者，率先发动绿色革命，率先迈向绿色文明。这里将中国绿色发展的理论与实践加以概括和总结。

提出原创性的绿色发展观。绿色发展的理论有三大来源：绿色发展是中国古代"天人合一"传统智慧的历史结晶与时代新内涵；绿色发展是人与自然对立统一的马克思主义自然辩证法的发扬与"中国化"；绿色发展是对当代可持续发展思想的继承与超越。最重要的是，绿色发展是源于"中国道路"的中国原创，即"以人为本"的科学发展观。它是科学发展观不可分割的重要组成部分，是"尊重自然、顺应自然、保护自然、受益自然、利用自然、反哺自然"的旨在人与自然和谐的自然观。

阐述绿色发展创新理论。绿色发展是以合理消费、低消耗、低排放、生态资本不断增加为主要特征，以绿色创新为基本途径，以积累真实财富（扣除自然资产损失之后）和增加人类净福利为根本目的的新型经济社会发展道路，实现社会、自然、经济三大系统的整体协调发展。绿色工业革命为一系列基要生产函数，发生从自然要素投入为特征，到以绿色要素投入为特征的跃迁过程，这一过程的后果是经济发展逐步和自然要素消耗脱钩。绿色发展包括三大系统：自然系统、经济系统、社会系统，主动统筹协调自然、经济、社会三大系统的共同发展，科学理性地调控投入、生产、消费等全部发展环节。绿色发展实现三大系统的三大目标：自然系统从生态赤字逐步转向生态盈余，增加绿色财富；经济系统从增长最大化逐步转向净福利最大化，促进绿色增长；社会系统逐步由不公平转向公平，扩大绿色福利。绿色发展进程的衡量标准是：绿色发展指标（绿色经济指标、绿色财富指标、绿色福利指标）及其变化率。

毛泽东同志说过："人类的历史，就是一个不断地从必然王国向自由王国发展的历史。这个历史永远不会完结。……人类总得不断地总结经验，有所发现，有所发明，有所创造，有所前进。"[①] 人与自然之间的历史发展也是如此，它先后经历了漫长而曲折的过程，包括四个阶段：农耕文明下的生态赤字缓慢扩大期；工业文明下的生态赤字急剧扩大期；可持续文明下的生态赤字缩小期；绿色文明下的生态盈余期。这反映了人类对自然的认识是不断地从"必然王国"到"自由王国"，人对自然的态度也是不断地从盲目性到自觉性，总是从肆意性到自律性。绿色发展根本要义是实现绿色创新，就是绿色隧穿效应。绿色发展是一种全新的发展道路，是南方国家现代化的必选之路，是一条跨越式发展道路，是一条人类追求生态文明之路。

开创绿色发展伟大实践。 中国理所当然成为 21 世纪人类绿色发展之路的创新者、实践者和引领者。五年规划是中国引领绿

---

① 毛泽东：《学习马克思主义的认识论和辩证法》(1964年12月13日)，见《毛泽东文集》，第8卷，325页，北京，人民出版社，1999。

色发展的重要手段，"十二五"规划首次明确提出"绿色发展"的主题，专篇论述"建设资源节约型、环境友好型社会"，明确提出：面对日趋强化的资源环境约束，必须增强危机意识，树立绿色、低碳发展理念，以节能减排为重点，健全激励与约束机制，加快构建资源节约、环境友好的生产方式和消费模式，增强可持续发展能力，提高生态文明水平。

地方成为绿色创新的实践者。各地加快向绿色发展转型，北京等东部沿海大都市圈，正在建设绿色发展的大都市，迈向绿色现代化，目标是成为世界绿色都市的典范；重庆等正在蓬勃发展的省市，在经济高速成长，快速城镇化、工业化的同时，将森林等生态建设放在重要的战略地位，成为林业建设的引领者、生态文明的示范区；青海等欠发达同时又具有生态战略意义的省份，从工业立省转向生态立省，打破唯 GDP 论，将消除生态贫困作为最大的政绩，将提供生态产品作为最大的公共产品。

企业是绿色发展的主体。企业是绿色农业现代化之路的创新主体，北大荒集团等企业以独特的创新力和艰苦的努力，开拓了中国"绿色农业之路"，创造了现代人类垦殖史上的奇迹，成为中国绿色农业的先行者、示范者和领先者，也成为"中国绿色农业奇迹"的突出代表和重要贡献者。企业也是大规模生态建设的重要主体，亿利集团等企业以愚公移山的精神，不断开拓创新，创造了大漠奇迹，将亘古荒漠变为绿色的聚宝盆，并惠及一方百姓，造福全人类。企业还是绿色能源创新的主体，华锐集团等中国绿色能源企业，作为一个国际竞争舞台的后来者，把握绿色发展潮流，不断进行绿色创新，快速追赶，不断缩小与西方发达国家最优秀企业的差距，最后实现超越，成为全球行业的领头羊。

实现绿色发展全新跨越。中国将实现从黑色经济向绿色经济的全新跨越。中国选择了一条重工业优先，高投入、高消耗、高排放的黑色工业化道路，并长期路径锁定，虽然历经多次调整，并未根本转变。随着绿色工业革命的发动，中国将实现从黑色增长向绿色增长的根本转型。

中国将实现从绿色负债向绿色财富的全新跨越。中国经历了自然账户赤字缓慢扩大期、自然账户赤字迅速扩大期、自然账户赤字缩小期。随着绿色革命的发动，中国将实现从自然账户赤字到盈余的历史性跨越。

中国将实现从黑色损害到绿色财富的全新跨越。中国也经历了不平衡、不协调、不可持续的发展路径，本质上是以大部分地区、大部分人、后代人承担环境损害为代价，换取一部分地区、一部分人、当代人的经济利益增长的发展。随着加快转变经济发展方式，中国将实现从不平衡、不协调、不可持续发展到平衡、协调、可持续发展的历史跨越，将实现从黑色代价向绿色福利发展的跨越。

二、中国绿色发展之道

中国特色的绿色发展之路是多元主体共同参与、共同推动之路。中央是绿色发展的决策者和规划者，地方是绿色发展的推动者和实践者，企业是绿色发展的主体和创新者，人民是绿色发展的参与者和受益者。总而言之，中国十几亿人民是绿色发展历史的真正动力。

绿色发展之道源于绿色发展之路，并引领绿色发展之路。道在中国传统哲学中代表着最高智慧和最高准则，如陆九渊所说：

"道者，天下万世之公理，而斯人之所共由者也。"① 同时，道又是具体的，道又是可变的。绿色发展是辩证发展之道。"一阴一阳之谓道，继之者善也，成之者性也。"②绿色发展是阴阳对立平衡，相互转化、相互作用之道。

所谓中国绿色发展之道，就是中国的治理之道，既包括治理的基本原则，也包括治理的具体方式。**我将其概括为"一个大脑"、"两只手"、"两个积极性"、"双重优势"、"两类成本"、"三大系统"、"五个结合"。**

中国这一东方巨人，拥有极其睿智的"大脑"。具有学习功能、记忆功能、反应功能、沟通功能、思维功能、决策功能和指挥协调功能。九位中央政治局常委的集体领导制，集体调研、集体学习、集体决策，无论从分享决策信息的角度，还是从集中政治智慧的角度，以及凝聚政治共识的角度③，都远远优越于所谓的"总统（个人负责）制"。它还是世界上极其特殊材料构成的"大脑"，汲取了几千年来中国文明、文化及民族智慧的精华，拥有近百年来中国共产党革命与执政经验教训的历史财富，集中了十几亿人民的智慧和创造力。中国的绿色发展是一个巨大的试验场，既是试验大课堂，也是实践大课堂。一旦试验比较成功的话，就会具有巨大的规模效应。随着决策机制不断科学化、民主化、制度化，这一"大脑"也更加健全、更加理性、更加睿智，主观更加符合客观，理论更加符合实际，政策更加

---

① 陆九渊：《陆九渊集》，第 21 卷，杂著，"论语说"，263 页，北京，中华书局，1980。

② 《周易·系辞上》。

③ 诚如邓小平所言，"属于政策、方针的重大问题，国务院也好，全国人大也好，其他方面也好，都要由党员负责干部提到党中央常委会讨论，讨论决定之后再去多方商量，贯彻执行。"（邓小平：《改革开放政策稳定，中国大有希望》（1989 年 9 月 4 日），见《邓小平文选》，第 3 卷，319 页，北京，人民出版社，1993。）

符合民意，使得及时调整纠正小的失误、避免大的失误成为可能，也成为现实。

绿色发展由市场和政府"两只手"共同作用。既要依靠"看不见"的市场之手自发调节，同样也要依靠"看得见"的政府之手主动调节，两只手共同并用、相互补充、相互配合，同时利用两大优势，发挥两个作用。市场经济点石成金的激励功能，推动了大规模的绿色投资、高速度的绿色创新、繁荣的绿色经济。政府之手的有力干预，加速了黑色经济的退出与淘汰，约束了过度消费、黑色消费，提高了绿色创新、绿色经济的边际效益。

绿色发展要发挥中央和地方"两个积极性"。中央和地方绿色创新激励相容，明确中央与地方的职能分工。全党服从中央，地方服从中央；同时中央要相信地方，依靠地方办事，支持地方创新。中央是绿色发展的规划者，规划是中国绿色发展的蓝图，是政府履行绿色监管职能的依据，是企业和公众实践绿色发展的依据。地方是绿色发展的实践者，绿色发展"从地方中来"、"再到地方中去"，绿色创新来源于地方，推广到全国，绿色奇迹由地方创造，为全国各地所学习、借鉴、再创新。

绿色发展要发挥后发优势和竞争优势双重优势。中国作为工业化的后发国家，能够更加跨越式地走到技术、制度的前沿。在人类技术与制度进步的历史进程中，西方世界已经先于中国支付了数量巨大的沉没成本（可见或不可见的），这客观上为中国提供了很好的后发优势，使得中国所选择的绿色发展能够受益于后发地位所带来的蛙跳效应。此外，到目前为止，西方世界的发展模式已经严重路径依赖并锁定，极难改革和改变。以美国为例，如果要从当前高消费、高排放的黑色发展模式切换到绿色发展模式，势必会造成民众生活水平的刚性下降；而中国由于现有国民平均生活水平相对较低，所以从传统的黑色发展之路走上绿色发展之路，主要是生产模式方面而不是消费模式方面的选择性跃迁，这一跃迁带给中国人民生活水平上的变化非但不是下降，反而是质量和内涵上的提升。

中国还有竞争优势。一是国际上国家之间竞争。全球生态危机的挑战，构成一种强有力的绿色发展国际压力，国家竞争会激发领导人和人民的改革愿望。二是国内地方之间竞争。地方之间的绿色发展竞争会对旧的治理理念、旧的发展模式构成挑战，从而迫使领导人、政治家不断地学习、创新和改进。三是市场竞争（也包括国际市场的竞争）。市场竞争迫使企业家和就业者学习绿色生产、绿色发展，参与绿色竞争。四是社会竞争。社会竞争也会引发新的社会问题，迫使各类团体学习、推动绿色发展。这既是中国发展的经验，也是中国绿色发展的基本活力、动力和创造力所在。

绿色发展考虑看得见的与看不见的两类成本。绿色发展是"可见"与"不可见"之道，绿色发展不但追求可衡量的经济目标和计算可见的经济成本，同时也追求难以衡量的绿色发展目标和计算不可见的经济成本、社会成本、自然成本。发展本身不是追求 GDP 最大化，而是追求人类绿色净福利最大化。人类财富的积累不是依靠名义储蓄率，而是依靠绿色储蓄率。

绿色发展是推动三大系统实现"天人互益"的良性循环。发展系统分为自然系统、经济系统、社会系统三大系统。黑色发展是三大系统恶性循环的模式，黑色经济增长模式使得人类暂时得到发展的同时，背上了沉重的积累性自然债务；反过来，被破坏的大自然又以一种加倍报复的方式，不断冲击与损害着经济系统和社会系统，影响人类的健康和寿命，加剧贫困与不公，自然灾害的频率与规模越来越大，损失越来越严重。

从黑色发展到绿色发展是"经济—自然—社会"系统的全面

转型，跳出"天人对立"、"天人互害"的恶性循环，进入"天人合一"、"天人互益"的良性循环。从黑色增长转向绿色增长，人类从无限度地索取自然到主动地反哺自然，从而使人类的自然账户实现从赤字到盈余的历史性转变，使得大自然母亲得以休养生息，得以保养滋润，焕发出新的不老青春。这又将最终转化为对于人类丰厚的滋养与慷慨的馈赠，使得人类社会拥有更为优美的环境，更为健康长寿的人生，从生态贫困走向生态富裕，同时，也使得经济发展获得新的动力，出现新的欣欣向荣的景象。

绿色发展体现五个方面的结合：首先是实践和理论的结合。绿色发展的理论从实践中来，到实践中去，源于实践，指导实践；绿色发展的创新"从地方中来"，"到地方中去"，由地方首创，推广于全国；绿色发展的政策"从群众中来"，"到群众中去"，是群众智慧的结晶，并转化为群众奋斗的动力。

其次是战略和战术的结合。绿色发展需要在战略上藐视敌人（指困难或限制因素），在战术上重视敌人。既要有充分的自信，绿色发展终将取代黑色发展成为不可阻挡的历史潮流，又要充分清醒地意识到这一过程的长期性、艰巨性。绿色发展既需要集中优势打歼灭战，包括主体功能区的生态安全体系建设等，更需要打持久战，持之以恒地爱护自然、保护自然、投资自然，包括举全社会之力推动节能、减排、减碳等行动。

第三是将经济社会建设实践中贯彻绿色发展的行动同向人民宣传普及绿色生活、绿色消费观念结合起来，推动绿色现代化和绿色价值观齐头并进，使人民更加自觉、更加主动地支持绿色改革，投身绿色变革。

第四是将坚持独立自主，依托自身力量实现绿色创新同参与绿色转型国际合作、借鉴国际绿色技术成果和制度经验结合起来，充分利用后发优势和蛙跳效应，成为绿色世界、全人类绿色发展事业的积极参与者和重要贡献者。

第五是将推进绿色改革同维护改革基础结合起来，坚持绿色改革力度、绿色发展速度和社会对发展方式转变的可承受程度的统一，确保绿色改革过程的和谐与稳定。

总之，绿色发展之道根本上是依靠中国的社会主义制度优势。中国共产党领导下的中国，有着一个极其睿智的"大脑"（党中央和国务院），靠"两只手做事"（政府的有形之手和市场的无形之手），靠"两条腿走路"（兼顾工业和非工业、城镇和乡村、发达地区和欠发达地区，促进协调发展），发挥"两个积极性"（中央积极性和地方积极性），加之社会主义中国巨大的制度优势和大国优势，这样，中国的绿色发展就有了强劲的发动机。

三、中国绿色现代化（2000—2050）

中国社会主义现代化道路如同"万里长征"，至少要走到2049年新中国成立100周年。中国领导人先后提出两代中国现代化目标。第一代是毛泽东提出的"四个现代化"目标。1954年周恩来根据党中央和毛泽东的思想，提出要建设"强大的现代化的工业、现代化的农业、现代化的交通运输业和现代化的国防"[1]。1964年周恩来代表党中央和毛泽东，提出"全面实现农业、工业、国防和科学技术的现代化，使我国经济走在世界的前列"[2]。

---

[1] 周恩来：《把我国建设成为强大的社会主义的现代化的工业国家》（1954年9月23日），见《周恩来选集》，下卷，132页，北京，人民出版社，1984。

[2] 周恩来：《发展国民经济的主要任务》（1964年12月21日），见《周恩来选集》，下卷，439页，北京，人民出版社，1984。

1975年周恩来根据毛泽东的指示,将这一目标界定为"在本世纪内"①。显然这一目标是无法在20世纪内"全面实现"的,但也成为中国共产党的历史使命。为此,邓小平提出了第二代中国现代化目标,即"实现基本现代化"。

1987年,邓小平创造性地提出中国社会主义现代化"三步走"的宏伟战略目标,即:到20世纪末,中国人均国民生产总值将达到八百至一千美元,看来一千美元是有希望的。……那时人口是十二亿至十二亿五千万,国民生产总值就是一万至一万二千亿美元了。我们社会主义制度是以公有制为基础的,是共同富裕,那时候我们叫小康社会,是人民生活普遍提高的小康社会。更重要的是,有了这个基础,再过五十年,再翻两番,达到人均四千美元的水平,在世界上虽然还是在几十名以下,但是中国是个中等发达的国家了。那时,十五亿人口,国民生产总值就是六万亿美元,这是以一九八○年美元与人民币的比价计算的,这个数字肯定是居世界前列的。②

中国的社会主义现代化道路基本上是按照邓小平的战略构想发展的。到2010年,按不变价格计算,中国GDP总量相当于1978年的20.6倍,年平均增长率达到9.9%。③ 根据我们预测,2010—2030年期间中国GDP年平均增长率为7.5%,到2030年中国GDP总量将相当于1978年的87.4倍,相当于2000年的

---

① 周恩来:《向四个现代化的宏伟目标前进》(1975年1月13日),见《周恩来选集》,下卷,479页,北京,人民出版社,1984。

② 参见邓小平:《会见香港特别行政区基本法起草委员会委员时的讲话》(1987年4月16日),见《邓小平文选》,第3卷,215~216页,北京,人民出版社,1993。

③ 参见国家统计局编:《中国统计摘要(2011)》,24页,北京,中国统计出版社,2011。

11.5倍，相当于美国GDP总量的2～2.2倍；人均GDP相当于1978年的62.5倍，相当于2000年的10倍以上，相当于美国人均GDP水平的一半以上。[①] 可以肯定地说，**中国可以提前20年到30年的时间就能够实现邓小平的第三步战略设想。**

历史在曲折中发展，更在发展中进步。因而后人总是比前人有更多的历史机遇、更宽广的历史舞台，总是要比前人有更大的政治抱负、更大的政治智慧。

21世纪上半叶，中国在提前实现邓小平的战略设想之后，她的社会主义现代化基本方向是什么？基本目标是什么？我们认为就是从"加快发展"到"科学发展"，从"先富论"到"共同富裕论"，从"基本现代化"到"全面现代化"，从"黑色现代化"到"绿色现代化"，需要画出最新、最美、最绿的现代化蓝图。因而绿色发展将是中国现代化的主题和关键词，绿色发展是中国发展战略的目标和途径。为此，作者提出实现中国绿色现代化"三步走"的战略构想：

第一步（2011—2020年）：全面建设惠及十几亿人口的小康社会。[②] 经济更加发达，基本实现新型绿色工业化，经济总量、国内市场总规模、对外贸易总规模居世界前列，综合国力明显增强；科技进步对经济增长贡献率大幅度提升，进入世界创新型国家行列，成为人力资源、人才资源、文化资源强国；实现全体人民"学有所教、劳有所得、病有所医、老有所养、住有所居"的

[①] 参见清华大学国情研究中心，胡鞍钢、鄢一龙、魏星执笔：《2030中国：迈向共同富裕》，北京，中国人民大学出版社，2011。

[②] 参见江泽民：《全面建设小康社会，开创中国特色社会主义事业新局面——在中国共产党第十六次全国代表大会上的报告》（2002年11月8日）；胡锦涛：《高举中国特色社会主义伟大旗帜，为夺取全面建设小康社会新胜利而奋斗——在中国共产党第十七次全国代表大会上的报告》（2007年10月15日）。

和谐社会①，绝对贫困人口基本消除②，初步达到小康③，地区差距持续缩小，区域更加协调，城乡差距有所缩小，基本公共服务均等化取得重大进展，全体人口基本社会保障全覆盖④。绿色经济、绿色能源快速发展，建设生态文明，建成资源友好型、环境友好型社会。非化石能源比重显著上升，主要污染物得到有效控制，生态环境质量明显改善，天更蓝、地更绿、水更清，用水总量达到顶峰并开始"脱钩"。主体功能区基本建立，生态系统稳定性明显增强，生态退化面积减少，绿色生态空间有所扩大，草原面积占陆地国土空间面积的比例保持在40%以上，林地保有量增加到312万平方公里，森林覆盖率达到23%，森林蓄积量达到150亿立方米以上⑤，碳汇能力进一步提高⑥，二

---

① 参见胡锦涛：《高举中国特色社会主义伟大旗帜，为夺取全面建设小康社会新胜利而奋斗——在中国共产党第十七次全国代表大会上的报告》（2007年10月15日）。

② 这里是按国际贫困线标准（International Poverty Line Standard），即世界银行所确定的每人每日收入1.25美元（购买力平价）的国际标准。根据世界银行估计，中国的国际贫困发生率，2002年为28.4%，2005年为15.9%（http：//povertydata.worldbank.org/poverty/country/CHN）。据此估计，2010年降至不足10%，2015年不足5%，到2020年1%，可以认为"基本消除"。（参见清华大学国情研究中心，胡鞍钢、鄢一龙、魏星执笔：《2030中国：迈向共同富裕》，50页，北京，中国人民大学出版社，2011。）

③ 《中国农村扶贫开发纲要（2011—2020年）》指出，农村贫困人口大幅减少，收入水平稳步提高，贫困地区基础设施明显改善，社会事业不断进步，最低生活保障制度全面建立，农村居民生存和温饱问题基本解决。明确提出总体目标：到2020年，稳定实现扶贫对象不愁吃、不愁穿，保障其义务教育、基本医疗和住房。贫困地区农民人均纯收入增长幅度高于全国平均水平，基本公共服务主要领域指标接近全国平均水平，扭转发展差距扩大趋势。（新华社北京2011年12月1日电）

④ 清华大学国情研究中心，胡鞍钢、鄢一龙、魏星执笔：《2030中国：迈向共同富裕》，第六章"共同富裕社会"，北京，中国人民大学出版社，2011。

⑤ 参见《全国主体功能区规划》（2010年12月21日）。

⑥ 根据国家林业局提供的资料，2010—2020年期间，我国森林蓄积净生长量可达到90亿立方米，按照生长1立方米森林蓄积吸收1.83吨二氧化碳计算，生长90亿立方米森林蓄积量可吸收二氧化碳165亿吨。（参见王祝雄：《加强森林经营，促进绿色增长》，见中国林学会编：《2011现代林业发展高层论坛报告集》，北京，2011-12。）

氧化碳等温室气体排放大大减缓，力争总量达到顶峰并开始"脱钩"，综合防灾减灾能力和应对气候变化能力明显增强。

第二步（2021—2030年）：全面构建十几亿人民共同富裕社会。[①] 将成为世界人才规模最大、国内需求规模最大、创新能力最强、综合国力最强的社会主义现代化强国；家园更美好、经济更发达、区域更协调、人民更富裕，全体人民普遍富裕、更加富裕、共同富裕，地区差距、城乡差距明显缩小，公共服务水平更趋均等化，社会保障达到较高水平，社会更和谐；建成世界最大规模的资源友好型、环境友好型社会，成为世界最大的绿色能源、绿色经济国家，主要自然要素（特别是煤炭等化石能源）指标与经济增长全面脱钩，基本建成全国性生态安全屏障，四类主体功能区发挥不同的经济、社会、生态功能及提供不同的服务，单位面积绿色生态空间蓄积的林木数量、产草量和涵养的水量明显增加，森林覆盖率达到24%以上，二氧化碳等温室气体明显减少。

第三步（2031—2050年）：全面实现十几亿人民绿色现代化。 到2050年，中国将建成富强、民主、文明、和谐的社会主义绿色现代化国家，人均收入水平、人类发展水平进入世界发达行列；成为世界绿色文明的先进国，实现人与自然和谐相处、共生共荣。这包括建成世界最大的森林盈余之国，森林覆盖率达到26%以上[②]，建成"两屏三带"生态安全大战略格局，建成人水

---

① 参见清华大学国情研究中心，胡鞍钢、鄢一龙、魏星执笔：《2030中国：迈向共同富裕》，北京，中国人民大学出版社，2011。

② 根据中国林业可持续发展战略研究结果，我国森林覆盖率的上限为26%左右，森林面积扩张的空间有限。主要是通过加强森林经营，提高单位森林面积的蓄积量，增长潜力可达20%~40%。（参见王祝雄：《加强森林经营，促进绿色增长》，见中国林学会编：《2011现代林业发展高层论坛报告集》，北京，2011-12。）

和谐之国，建成碧水蓝天之国，建成世界最发达的绿色能源之国，建成世界发达的资源节约型社会、环境友好型社会，建成气候适应型社会、低灾害风险型社会，二氧化碳等温室气体明显减少至 1990 年水平的一半[①]。

由此可知，**到 2050 年中国的现代化，一是高度发达的现代化**，拥有世界上所有的现代化因素；**二是社会主义的现代化**，为全体人民所分享；**三是生态文明的绿色现代化**，在较低的不可再生资源和能源消耗、污染物排放水平上的现代化，又是生态资产不断增值、生态盈余不断扩大的人与自然和谐的现代化。

四、中国对人类发展的绿色贡献

"天下者，我们的天下"[②]，全球二百多个国家和地区、七十亿人口已经成为利益共同体、命运共同体、发展共同体。我们需要休戚与共、同舟共济，共同呵护我们共同的地球家园，共同推动绿色发展，共同发动绿色工业革命，共同走向绿色文明时代。

世界文明发展的历史表明，只有那些不断学习、不断创新，且胸怀天下、乐于奉献的民族和国家，才最有可能突飞猛进地发展，才最有可能进入人类发展的先进行列；而那些拒绝学习、固步自封、唯我独尊、自我本位的民族或国家，不是停滞不前，就是落伍于其他优秀民族和国家的发展。

中华民族曾经在农耕时代创造了辉煌的东方文明，在数千年

---

① IPCC 报告（2007）认为，到 2050 年使大气中温室气体浓度长期稳定在 445ppm～490ppm 水平，就要使全球温室气体排放量比 1990 年减少一半。

② 毛泽东：《民众的大联合》，原载《湘江评论》，1919 年第 2、3、4 期。

的时间里,遥遥领先于世界其他地区,并为人类从蛮荒时代进入文明时代,作出了重大的贡献。中华民族在工业文明时代,实现了从自我封闭的落伍国,到主动开放的追随国,再到积极参与的潜在引领国,为全球发展作出了重要贡献。21世纪,人类文明正面临着由黑色文明向绿色文明的历史性转折和历史性考验,作为世界人口第一大国和即将成为世界经济第一大国的中国,需要为人类发展作出巨大的贡献。

五十多年前,毛泽东同志曾经高瞻远瞩地设想中国在21世纪人类发展中的定位:进到21世纪的时候,"中国应当对于人类有较大的贡献"[①]。2007年,胡锦涛总书记在中共十七大报告中向全世界宣布中国的世界定位:到2020年中国要"成为对外更加开放、更加具有亲和力、为人类文明作出更大贡献的国家。"

那么,什么是21世纪中国的贡献?18世纪以来,北方国家主导的资本主义扩张在创造了空前的发展奇迹的同时,也造成了不公正、不平等的世界格局,还造成了空前的生态危机。如果中国等占世界人口7/8的南方国家,重蹈北方国家的发展老路,再有七个地球也难以承载。生存还是毁灭?人类的未来在于中国等南方国家能否创出一条绿色发展新路。

未来几十年,以中国为代表的南方国家的集体崛起,将不断消除全球不平等的南北鸿沟,世界几十亿人民共同富裕,共同建设"大同世界"。

未来几十年,以中国为代表的南方国家同样需要开创出一条新路,为人类发展开创出新的光明境界。这是中国对21世纪人类发展肩负的重大历史使命:创新绿色发展道路,发动绿色工业

---

① 毛泽东:《纪念孙中山先生》(1956年11月12日),见《毛泽东文集》,第7卷,157页,北京,人民出版社,1999。

革命，实现绿色现代化，共同建设绿色世界。

绿色贡献将是 21 世纪中国为人类发展所作出的最大贡献。中国将引领绿色增长，开启世界绿色经济发展史上前所未有的"黄金增长期"；中国将成为全球绿色贸易的最大引擎，成为世界最大的绿色制成品出口国之一；中国积极参与和领导全球绿色治理，成为全球绿色发展领导国。

世界将由黑色工业文明时代转向绿色生态文明时代，世界几十亿人民将与大自然和谐共处，共享"天人合一"的美好境界。

五、结语：天人合一，百川归海

人类的历史犹如日夜奔流的江河，终将归入浩瀚的海洋。一种不可见的"天道"，一种伟大的力量，决定着人类历史的必然趋向和总体进程。

农耕的黄土文明，使人类告别了蒙昧的蛮荒时代；工业的黑色文明，在将人类文明带到一个全新高度的同时，也蕴藏着深刻的危机，这也决定了人类必须转向绿色文明、生态文明。

人类正在经历从黑色发展向绿色发展的伟大转型。黑色发展是吃祖宗饭、断子孙路，发展自己、贻害他人；可持续发展是不给后代留下后遗症，不给他国造成负外部性；绿色发展是前人种树、后人乘凉，功在当代、利在千秋，造福人类、惠及全球。

人类正在共同发动第四次工业革命，即绿色工业革命，将实现生产方式、消费模式，乃至社会形态、文化观念的全新、全面的绿色变革。中国已经从以往工业革命的落伍者、被动挨打者与追赶者转变为绿色工业革命的创新者与引领者。

从新中国成立起，中国的社会主义现代化道路如同"万里长征"，到 2020 年，中国将如期实现全面建设小康社会的宏大目标；到 2030 年，中国将提前实现邓小平"三步走"的战略目标，步入中等发达国家行列，成为共同富裕的社会主义社会；到 2050 年，中国将实现绿色现代化，成为高度发达、生态文明、为全国人民共享的全面现代化社会，成为屹立于世界东方的社会主义强国。

"中国的奋斗就是全人类的奋斗"！中国的绿色创新也是全人类的绿色创新，21 世纪中国的绿色贡献将是对于全人类最大的贡献。毕竟东流去，百川归大海；"天人合一"（绿色文明、绿色工业革命、绿色发展、绿色现代化）才是人类发展的人间正道，也是世界潮流的必然趋向。

后　记

　　小小寰球，同此凉热。

　　本书中英文版出版之际，在与我们遥遥相对的南半球的巴西里约热内卢，即将召开联合国环境和发展高峰会议①，约有一百多个国家的元首和政府首脑将云集此地，共同应对人类最大的发展挑战——全球生态危机和气候变化危机。这标志着世界处在新的十字路口上，共同讨论人类发展新的主题——绿色经济②，标志着人类进入生态文明时代，世界进入绿色发展时代。这是联合国乃至人类历史上最重要的会议之一。

　　二百多年的工业革命在创造巨大物质财富、取得巨大社会进步的同时，早已经急剧地扩大了人与自然之间的差距。直到 1972 年召开斯德哥尔摩会议，人类才对此作出滞后性的被动回应，首次在全球范围内关注环境问题，但是并没有采取任何有效的全球行动。20 年之后，人与自然之间的差距越来越大。1992 年在里约热内卢召开"联合国环境和发展大会"，通过了以可持续发展为核心理念的《里约环境与发展宣言》。《21 世纪议程》也在这次大会上通过，人类首次开始共同行动，该议程成为其后 20 年里全球环

---

　　①　此次联合国环境和发展高峰会议与 1992 年在里约热内卢召开的"联合国环境和发展大会"正好时隔 20 年，因此也被称作"里约+20"会议。
　　②　联合国环境署：《迈向绿色经济：实现可持续发展和消除贫困的各种途径，面向政策制定者的综合报告》，2001。

境保护与发展的重要指导思想和行动议程。2002年在约翰内斯堡由联合国再次召开关于环境与发展问题的世界首脑会议。不过在人类步入21世纪第一个十年之时,我们不难发现,全球范围内的气候变化、环境污染、生态退化和生物多样性破坏问题不仅没有得到有效遏制,反而日趋恶化。特别是全球气候变化问题,已经成为人类迄今为止面临的规模最大、范围最广、影响最为深远的挑战。这些事实告诉我们,一场前所未有的危机正在到来,人类正处在未来发展的十字路口,要么人类自觉与自然和谐相处,要么人类受到自然的惩罚。2012年6月的里约热内卢世界首脑会议是决定人类未来发展道路的一次重要机遇。面对挑战,传统的黑色发展是绝子孙之路,即使是不断子孙之路的可持续发展也不能应对人类新的危机,对于它的修修补补也难以从根本上扭转危机趋势。时代呼唤人类能够在会议中达成共识,要求世界各国尽快开辟一条绿色发展道路,为子孙留下更多更宝贵的生态资产,创造更多更丰富的绿色财富,共同呵护人类唯一的家园。

为什么我要写这本书呢?除了以上的国际背景之外,还有如下两个目的:

第一个目的是作为中国学者向国际社会发出"中国声音"。2012年6月,联合国将在巴西里约热内卢举行"可持续发展全球高峰会",重点讨论绿色经济、可持续发展国际机制等议题。全世界都在关注中国,诸如中国人在想什么?中国人在说什么?中国人在做什么?这就成为我撰写此书的直接原因,要发出"中国声音",展现"中国智慧",阐述"中国理论",介绍"中国创新",表达我们的自然观、发展观和未来观,反映我们对21世纪生态文明、绿色发展道路的思考、创意和重要观点。因此本书还将由世界上最大的科技出版社之一德国斯普林格(Springer)出版社正式出版多种外文版。

第二个目的是作为中国智库向世界介绍"中国创新"。事实上，在21世纪的第一个十年中，中国已经率先开始将这一绿色发展的创意、理论和意识转化为国家发展规划、行动纲领和社会实践。在2003年，党中央提出科学发展观思想，将人与自然和谐发展作为最重要的目标之一，这是"天人合一"的现代版。在"十一五"规划期间，中国开始加速经济发展方式转型。"十一五"规划所规定的约束性绿色发展指标全部完成，较之"十五"计划有了明显的成效。我本人作为国家发展规划专家委员会委员，直接参加"十二五"规划背景研究、初稿讨论，对于该规划的设计和创新有着深刻的认识和体会，亲身见证了中国这一绿色发展宏伟蓝图是如何绘制的，绿色实践行动又是如何具体实施的。"十二五"规划的第六篇，就是以"绿色发展 建设资源节约型、环境友好型社会"为主题，还分六章专门规划设计。在中国，绿色发展已经不仅是学者的理念、理论家的理论和政治家的口号，而且已经成为绿色发展国家战略、绿色发展宏伟蓝图、绿色发展实施行动，拉开了第四次绿色工业革命的序幕。环顾整个世界，在230多个国家和地区中，这也是独一无二的，成为21世纪上半叶中国新长征——绿色现代化的历史起点和重要标志。

本书旨在创意在先，理论创新，知识引领，以推动中国绿色转型，参与世界第四次工业革命。世界与中国发生的巨大变化都反映了一场伟大的革新正在我们身边悄然发生，即第四次工业革命——绿色工业革命已经到来。这就需要深刻理解第四次工业革命的基本性质和主要特点。这里，我从历史的角度考察了四次工业革命的演变过程，采用了张培刚先生关于工业化的定义，即通过启动国民经济中"一系列基要生产函数组合方式发生连续变化"。[1] 不同类型的工业革命的发生，本质上是由于基要生产函

---

[1] 参见张培刚：《农业与工业化：农业国工业化问题初探》，70～71页，武汉，华中工学院出版社，1984。

数组合方式的改变。受张培刚先生的启发，我将**绿色工业革命**定义为：**一系列基要生产函数，发生从以自然要素投入为特征，到以绿色要素投入为特征的跃迁过程，绿色生产函数逐步占据支配地位，并普及至整个社会。这一过程的结果是经济发展逐步和自然要素消耗脱钩。这是与前三次工业革命最大的不同之处，其本质就是要创新绿色发展道路。**

世界潮流，浩浩荡荡，顺之者昌，逆之者亡。那么，什么是21世纪的世界潮流呢？就是绿色发展与绿色工业革命。在这场伟大的绿色工业革命即将到来的黎明之际，我们不仅要观察和描绘，更要参与其中，需要在这场伟大的革命中回答这样一个问题：中国在这场革命中扮演什么角色？

我的回答是："中国要从边缘者、跟随者、模仿者变为领导者、引领者、创新者。中国要创新出一条全新的发展道路。"也正是基于这一点，我对这个主题进行了大胆摸索、深入探究、不断创意。中国和中国学者只有站在世界潮流、时代潮流的最前端，才能实现中华民族伟大复兴、贡献人类发展的伟大梦想。

本书的写作是如何完成的呢？一本篇幅十几万字的书稿，虽然并不厚，但要写成集大成之作和精品之作，绝非朝夕之功，更非轻而易举，需要数十年专注而持续地艰辛探索，需要读万卷书、行万里路，需要创意在先、知识引领。因此我也愿意将创作此书的心得与读者一起分享。

从1985年我开始研究国情与国策，就一直在思考、研究和回答的核心问题是：中国作为后发国家，它的现代化目标是什么？这些目标是否符合中国国情？如何实现它的现代化目标？[①] 这是一个不断认识、反复认识、深入认识的长期过程。从本书的

[①] 参见胡鞍钢：《中国：走向21世纪》，北京，中国环境科学出版社，1991。

主题酝酿到理论的提炼，再到核心观点的形成，可以说是我花了二十多年持续思考所形成的结果。1987年世界可持续发展委员会发表了报告《我们共同的未来》，作为该报告唯一的中国代表马世骏（中国科学院学部委员、生物学部主任）回国后立即向我作了介绍，使我深受启发，为此我们在《生存与发展》国情报告（1988年12月）中，首次提出"保证生存与持续发展的发展战略。所谓保证生存，即保证整个民族的生存条件和生存空间；所谓持续发展是指满足当代人的需要，又不对后代人赖以生存的生存基础与发展能力构成破坏和障碍，它旨在促进人类之间以及人与自然之间的和谐"。这"两个和谐"是我们对可持续发展理论的理解和超越，是第一次中国式创新。根据中国自然国情，我们明确提出中国不能走西方发达国家传统的"生活高消费、资源高消耗、污染高排放"的现代化道路，要走"非传统"的，即不同于西方发达国家的"生活适度消费、资源低消耗、污染低排放"的新型现代化道路。[①] 前者是黑色发展，后者是绿色发展。这是我们最初的"绿色发展"的来源。

次年8月，我和王毅、牛文元又发表了第二份国情报告《生态赤字：未来时期中华民族生存的最大危机》（1989年8月）。该报告首次分析了中国"生态赤字"的背景是世界性的七大生态环境问题。报告前瞻性地指出，生态危机将是21世纪人类面临的最大危机、共同危机，需要全人类采取共同行动。报告还提出了基于"自然—经济—社会"协调发展的基本思路。受日本通产省的"绿色地球计划"的启发，我们也建议制定中国"绿色大地计划"。这是我们第一次对于中国生态环境作出总体性评价和趋势

[①] 参见中国科学院国情分析研究小组，胡鞍钢、王毅执笔：《生存与发展》，北京，科学出版社，1989。

性分析。①

2002年我在研究中国林业国情时认识到森林是中国最重要的生态资源,也是最重要的国民财富。保护森林、增加林木蓄积量,就等于增加国民财富。为此,我提出了"让天然林休养生息50年","中国有可能从'森林赤字国'转变为'森林盈余国';从黑色发展模式转向绿色发展模式,从而根本改变中国长期以来日益严重的生态环境恶化趋势,选择可持续发展、绿色发展之路。"② 时任国务院副总理的温家宝对此文作了批示。这一思想也是受到联合国开发计划署《2002年中国人类发展报告:让绿色发展成为一种选择》的启发,同时也受到中国林业科学院"中国可持续发展林业战略研究"重大成果所提出的"三生态"原则(生态建设、生态安全、生态文明)的重要启示。

2005年我们在为制定"十一五"规划的背景研究中,建议中国实施绿色发展战略,建立资源节约型和环境友好型社会,实现人与自然和谐共处。③ 建立"两型社会"的建议在"十一五"规划中得到采纳,但还是沿用可持续发展战略的提法。

2010年我们在为制定"十二五"规划的背景研究中,专门区分了绿色发展和可持续发展的相同之处和不同之处,并再次建议"十二五"规划以绿色发展为主题,实施绿色发展战略,增加绿色发展指标,使之成为首部绿色发展规划。④ 这一建议在"十

---

① 参见中国科学报社编:《国情与决策》,186、199、241~245页,北京,北京出版社,1990。

② 胡鞍钢:《让天然林休养生息50年:从森林赤字到森林盈余的重大战略转变》(2002年10月27日),载《国情报告》,2002(93)。

③ 参见清华大学国情研究中心,胡鞍钢、王亚华执笔:《国情与发展》,17、187~189页,北京,清华大学出版社,2005。

④ 参见清华大学国情研究中心,胡鞍钢、鄢一龙执笔:《中国:走向2015》,130~133、136、154~155页,杭州,浙江人民出版社,2010。

二五"规划中得到采纳。这也表明，人的认识，不管是对国情的认识，还是对国策的思考，都存在着不确定性、不完全性，不可能一次性完成，这是一个从实践到认识，再实践到再认识的反复循环过程，从而使得我们的认识从可持续发展理念升华为绿色发展理念，使得中国国策从由国外借鉴而来的可持续发展战略升华为自主创新的绿色发展战略。

我的写书方式是"行万里路"，行走中国大地，书写中国创新。本书的写作是基于实地调查研究和国情、省情考察。本书第六章、第七章都是根据我实地调查研究报告与政策咨询报告编写而成的，是基于第一手访谈、第一手资料、第一手数据而形成的结论，同时也给予地方和企业创新绿色发展实践以具体指导。例如，2009年11月17日我应邀参加中共北京市委举办的建设"绿色北京"专家座谈会，由刘淇同志主持，吉林、牛有成等同志参加，我作了《创新绿色北京实践，率先实现绿色现代化》的发言，核心观点是北京虚心学习世界各大城市的成功经验，集成创新、综合创新、自主创新符合北京市情的世界级特大城市的绿色现代化。2010年3月6日北京公布了《"绿色北京"行动计划（2010—2012年）》，明确提出到2020年北京市"经济发展方式实现转型升级，绿色消费模式和生活方式全面弘扬，宜居的生态环境基本形成，将北京初步建设成为生产清洁化、消费友好化、环境优美化、资源高效化的绿色现代化世界城市"的远景目标。又如，2009年9月、2010年8月、2011年8月我先后三次到黑龙江农垦总局调研，与隋凤富（总局局长兼党委书记）等同志多次深入交流，也回访了我四十多年前在北大荒务农的地方（北安管理局二龙山农场），先后写出了《北大荒之路（1947—2047）：从落伍者到领先者》（2010年8月31日）、《再谈北大荒之路》（2011年8月29日），提出了构建世界一流绿色农业现代化企业集团的目标，核心是建立三大体系：绿色农业体系、绿色产业体系、绿色城镇体系。这已经成为黑龙江农垦总局的共识，并制定了旨在绿色发展的五年规划，具体指导他们的绿色创新。北大荒不仅是中国最大的商品粮战略基地，还将是中国最大甚至世界最大的绿色安全食品产业基地，从60年前的"北大荒"到如今的"北大仓"，再到未来的"绿色北大仓"。只有通过调查研究，才能获得真知灼见，诚如毛泽东同志所言："没有调查，没有发言权。""你对那个问题的现实情况和历史情况既然没有调查，不知底里，对于那个问题的发言便一定是瞎说一顿。"毛泽东再三告诫："注重调查！反对瞎说！"[1] 我的体会是，没有调查研究，就没有知识创新来源；没有调查研究，就没有决策建议权。正是这些中国大地上无数的绿色创新、绿色实践的光明面，大大超过并战胜那些肆意破坏生态、故意污染环境的阴暗面，才使得中国正在走上绿色发展之路。

本书写作不只是国内调查，还包括国际之间的交往访问、交流对话，是在一个开放性环境下写作，而不是闭门造车、自说自话。我们需要了解：他人在思考什么？世界在思考什么？世界需要什么？世界希望中国做什么？这些问题是不可回避的，也必须给予正面的回答。例如，《中国想什么》一书的作者马克·伦纳德（Mark Leonard）（欧洲外交关系学会会长）花了三年时间，大量走访中国各界代表人物，如实表述了中国的知识分子怎么看中国，中国的知识分子又是怎么看世界。2008年他访问过我，在书中还专门介绍了我的"绿色发展"观点。该书的重要结论是："不了解中国，就无法了解世界政治！"[2]2011年9月12日，

---

[1] 毛泽东：《反对本本主义》（1930年5月），见《毛泽东选集》，2版，第1卷，109页，北京，人民出版社，1991。

[2] Mark Leonard, *What does China think*? Fourth Edition，18 Feb 2008.

我再次会见了马克·伦纳德和他的助手艾利斯·理查德（Alice Richard），介绍绿色GDP，中国何时才能实现碳排放与经济增长脱钩等中国和全球性的重大问题。同日，我又会见日本东京工业大学社会学部文明研究中心主任桥爪大三郎教授、东京大学人文社会系教授宫台真司等，他们正在编写一部《了解中国》的新书，以呈现给日本民众一个真实而简洁的中国形象。我们的谈话同样涉及中国的历史、现状和未来，也涉及中国对周边地区、亚洲地区和全世界的影响。如何向外国学者介绍迅速变化和转型的中国？如何解释或解读中国？如何展望和预期中国？这都成为我必须客观而理性回答的问题，也促使我必须换位思考，站在整个人类发展的角度上，面对人类的发展危机，共同应对发展挑战，不断扩大发展共同点，准确确定中国在世界的定位和作用，我把它称为"中国对人类发展的绿色贡献"。

那么，本书有什么创新之处呢？

第一是主题创新。本书的时代主题是绿色发展。当今世界主要的国际组织都在提出并回答这一时代主题。如联合国开发计划署（UNDP）《应对气候变化：分化世界中的人类团结》（2007/2008年人类发展报告）提出，国际社会迫切需要共同合作，稳定温室气体排放量，同时援助发展中国家增强抵御气候变化影响的能力，并为其提供技术支持，使其更全面地从清洁发展机制中受惠。世界银行《2010年世界发展报告：发展与气候变化》强调：要应对气候变化带来的挑战，人类必须立即行动、共同行动和创新行动，提出构建"气候智能型社会"的设想。[1] 国际能源署（IEA）发布的《世界能源展望（2011）》预测，即使世界各

---

[1] 参见世界银行：《2010年世界发展报告：发展与气候变化》，3页，北京，清华大学出版社，2010。

国按照哥本哈根大会上的承诺实现新政策，全球气温增加值也很难被控制在 2℃ 以内。如果没有强有力的政策保障，人类发展的"黑色路径"将被锁定，"通往 2℃ 之门正在关闭"，除非选择绿色能源。① 2011 年 5 月，经济合作与发展组织发布了《OECD 绿色增长战略》。该报告对绿色增长的定义是，在确保自然资源能够继续为人类幸福提供各种资源和环境服务的同时，促进经济的增长和发展。绿色增长可以通过不断增加生产力和创新，建立新市场挖掘就业机会，增强投资者信心和平衡宏观经济条件等渠道应对经济和环境挑战。② 联合国环境署（UNEP）2011 年报告提出了迈向绿色经济的主题。③ 不过，上述国际组织的报告都没有抓住时代的主题词和关键词，即绿色发展。对发达国家而言，是要"绿色"，不要"发展"。但是对占世界总人口大多数的发展中国家而言，"发展才是硬道理"④，没有发展，就没有进步，更谈不上"绿色"；但是发展不是以往的"黑色发展"，而是"绿色发展"，这就包括和涵盖了绿色增长、绿色能源、绿色经济等。因此"绿色发展"有特定含义：一要发展，二要绿色。这就成为 21 世纪世界的主题词——"绿色发展"。**对中国而言，绿色发展本质上就是科学发展，在国内我们称之为"科学发展"，在国际上我们称之为"绿色发展"。**因此本书以绿色发展为主题就是以科学发展为主题，既是对当代世界已有的可持续发展的超越，更是对中国已经开始的绿色发展实践的集大成。形象地讲，**黑色发展是"吃**

---

① IEA, *World Energy Outlook 2011*, Paris, 2011.

② OECD Green Growth Strategy Workshop, *Green Growth: We Must Propose an Agenda for Action*.

③ 联合国环境署：《迈向绿色经济：实现可持续发展和消除贫困的各种途径，面向政策制定者的综合报告》，2011。

④ 邓小平：《在武昌、深圳、珠海、上海等地的谈话要点》（1992 年 1 月 18 日—2 月 21 日），见《邓小平文选》，第 3 卷，377 页，北京，人民出版社，1993。

祖宗饭，断子孙路"；可持续发展是"不以牺牲后代人的利益为代价"①；绿色发展则是"前人种树，后人乘凉"，"功在当代，利在千秋"。诚如朱镕基同志所言，"青山常在，绿水长流，那将是我们留给子孙后代最宝贵的财产"（1998年8月31日）。作者并不是否定传统的发展观，而是修正、超越进而创新发展观。

　　第二是主线创新。本书的历史主线是绿色工业革命。对过去二百多年的世界历史而言，它的主线始终是工业化、城市化和现代化。从工业化的角度来看，至少已经经历了三次工业革命。作者创新性地提出绿色工业革命这一概念，对这次工业革命的性质给予了清晰界定，准确把握了工业革命的实质，就是大幅度地提高资源生产率，大幅度地降低污染排放，经济增长与不可再生资源要素全面脱钩、与二氧化碳等温室气体排放脱钩。以历史视角观察，从工业化角度考察，我清晰地认识到，世界第四次工业革命，即绿色工业革命已经来临。中国能赶上这一革命的黎明期、发动期，是不易的，也是万幸的。我首次对中国在这场革命中的作用和地位作了清晰界定，这就是发动者、创新者、引领者。

　　第三是理论创新。本书的理论前沿是绿色发展理论。从它的理论来源看，就是中国古代的"天人合一"智慧、马克思主义的自然辩证法和可持续发展理论三大来源的再集成与再创新；从它的系统构成看，就是自然—经济—社会三大系统的协调与统一；从它的目标看，就是自然系统从生态赤字逐步转向生态盈余，经济系统从增长最大化逐步转向净福利最大化，社会系统从不公平转向公平，由部分人群社会福利最大化转向全体人口社会福利最

---

① 江泽民同志指出："可持续发展，就是既要考虑当前发展的需要，又要考虑未来发展的需要，不要以牺牲后代人的利益为代价来满足当代人的利益。"（江泽民：《坚定不移地贯彻计划生育的基本国策》（1996年3月10日），见《江泽民文选》，第1卷，518页，北京，人民出版社，2006。）

大化；从认识和衡量财富的角度看，从名义储蓄率到真实储蓄率，再到绿色储蓄率，不仅减少"看不见"的自然损失，还要增加"看得见"的物资资本、绿色投资、人力资本，更要高效率地利用国内和国际两种资源；从实现绿色发展的路径看，就是具有隧穿效应的绿色创新，具有激励机制的绿色制度安排，包含对外开放、互利互赢的绿色国际合作。

第四是实践创新。本书的实践前沿就是中国绿色发展创新。在中国，科学发展、绿色发展已经形成政治共识和社会共识，最重要的是已经成为国家发展规划的主题和约束性指标，成为地方绿色创新的创意和行动方案，成为企业家的社会责任和使命。我们需要用鲜活的事实、生动的"中国案例"来告诉读者，还要告知世界，千千万万的中国"愚公"每天挖山不止一样不停地创造着绿色奇迹，描绘着"最新、最美、最绿"的中国大地。作者试图解读中国绿色发展创新之道，总结成功之经验，为全国所分享，也为世界其他国家所分享。

第五是目标创意。本书创意性地提出实现"绿色现代化"目标、中国社会主义现代化道路如同"万里长征"，从 1949 年新中国成立至少到建国一百周年之时才能逐步达到目标。进入 21 世纪的中国，先是大大提前实现邓小平"三步走"战略目标，与此同时超越传统的西方现代化模式，开拓中国绿色现代化新路。正是在继承邓小平战略设想的基础上，作者大胆地提出到本世纪中叶中国绿色现代化目标及"三步走"设想。

本书以绿色发展为主题，以绿色工业革命为主线，以绿色发展理论为基础，以中国绿色发展实践为佐证，展现了中国的伟大绿色创新，展望了人类走向绿色文明的光辉前景，设计了中国绿色现代化的目标与蓝图。本书充分表达了一位中国学者的自然观、文明观和发展观。这一自然观就是"天人合一"、人与自然的和谐；文明观就是人类走向生态文明、绿色文明；发展观就是科学发展观、绿色发展观。本书也体现了乐观主义信念，人类的光明面终将战胜黑暗面，人类的能力终将战胜危机与挑战，人类的智慧终将战胜愚昧与无知。

本书是清华大学国情研究院的重要选题，旨在提出前瞻性、战略性、重大性国情与国策研究课题。这是一个将研究写作与教书育人相结合的互动过程。作为一名中国学者，站在人类发展知识的最前沿是我最大的追求；作为一名清华大学教师，我更加希望把优秀的学生们推向这一最前沿，一同作出知识贡献。这也是受到美国密歇根大学办学理念的启发，该校是以"让世界变得更加美好"为使命，为推动全球可持续发展培养未来的世界领袖。由此我希望，为推动中国和世界绿色发展培养未来的学术领袖、思想领袖。为此，在本书写作的过程中，我特意组建研究写作团队，与他们一起围绕绿色发展主题，学习阅读重要文献，查阅各种资料，计算大量数据，边讨论，边修改，反复讨论，反复修改，既是课题组，又是研讨班，有所分工，综合研究，充分交流和分享知识、信息和资料，既可以集成知识，又可以再认识、再创新、再写作。这是教书育人、培养高端人才的一个有效办法，效率高、产出高、质量高。最重要的是通过"实战"，使他们晓得如何选题、如何构思、如何研究、如何写作、如何修改，为他们独立研究与写作进行密集而强化性的训练与锻炼。所以本书也是集体之作，包含了他们的创意和创新。其中王亚华副教授协助我组织该项研究，郎晓娟博士和唐啸、杨竺松、王洪川三位博士生参与研究与写作工作，鄢一龙博士协助我对全书各章进行多次修改和编辑工作，魏星博士负责协调英文版出版事宜。此外其他研究人员、博士后、博士生和硕士生参与了调研工作，他们还将在更专业化的领域围绕绿色发展理论与实践的主题进行深入细致的专题研究。对此，我表示衷心的感谢并给予具体指导。我相信，他们在应对中国发展难题、人类发展挑战方面大有作为，更有前途。

一百多年前的中国是积贫积弱、任列强宰割的"老大帝国"，在经历了戊戌变法失败之后梁启超先生仍发出："世界无穷愿无尽，海天寥廓立多时"[1] 的豪言。21世纪的中国是迅速崛起、伟大复兴的中国，此时的我是"天有多大，心就有多大"。这个"天"就是十几亿中国人在960万平方公里国土上所开创的人类历史上最大规模的绿色发展创新与实践，这成为我从事中国国情研究与国策研究的最大认识来源和创新源泉，促使我不停地日日思考、日日研究、日日写作，不断积累、不断创新。正是有了历史的、中国的、世界的、时代的大舞台，才有了我的"天高任鸟飞，海阔凭鱼跃"的思想创意、学术创新、知识创造。我愿以此书与中国兴盛同行，与世界同舟共济，也与中外读者分享。

胡鞍钢
2012年3月
于清华园

---

[1] 梁启超：《自励》，1901。

新书推荐

《2030中国：迈向共同富裕》　　清华大学国情研究中心　著
　　　　　　　　　　　　　　　　胡鞍钢　鄢一龙　魏星　执笔
中国人民大学出版社2011年10月出版　　定价：39.00元

本书以世界视野和专业化的研究，预测了2030年中国与世界的发展大势，分析二者的互动影响；传承中华文化精神，弘扬社会主义共同富裕理念，表达全人类追求共同繁荣的梦想，表明中国学者的中国观、世界观、未来观。

书中提出：2030年的中国将成为真正意义上的世界经济强国，经济总量相当于美国的2.0～2.2倍，人类发展总值相当于美国的3.2倍。2030年的世界将发生前所未有的大发展、南北国家大趋同、南北格局大逆转，南方国家的发展指标将全面超越北方国家。

本书将毛泽东、邓小平等伟人的战略思路与经济学分析相结合，视野宏大，气势磅礴，有震撼力，可读性强，不仅具有很高的学术价值和决策参考价值，而且是读者了解中国国情的优秀读本。

本书被评为2011年度"光明书榜"十大好书。

《人间正道》　　胡鞍钢　王绍光　周建明　韩毓海　著
　　　　　　　　韩毓海　执笔
中国人民大学出版社2011年7月出版　　定价：39.00元

本书由京港沪三地的著名学者联袂创作。该书从世界视野和人类发展总体进程，论述了中国共产党开创的中国道路的独特性和优越性；从政治、经济、社会、文化四个角度，清晰概括了中国道路的丰富内涵；以慷慨苍劲的史诗般叙述，展现了中国共产党的光荣传统和政治能力，正面回答了国内外思想理论界争论和关心的一系列重大问题。全书旨在打破国人对西方文明和体制的迷信，重树民族自信、体制自信、文化自信。

本书谈的是大问题，用的是大手笔，彰显的是大气魄。文风鲜活生动，打通了学术文体和党政文体，融文、史、哲、政、经、法于一炉，有知名学者誉之为"黄钟大吕一般的好书"，还有读者谓之是"激荡心胸继往开来之作"。

新书推荐

《马克思的事业：从布鲁塞尔到北京》　韩毓海　著
中国人民大学出版社 2012 年 9 月出版　定价：39.00 元

本书入选"新闻出版总署迎接党的十八大主题出版重点出版物"。全书将马克思的思想放在宏大的思想史视野中，气势磅礴地讲述了马克思与恩格斯、卢梭、康德、列宁、毛泽东等历史巨人的思想渊源，重新发掘了马克思许多鲜为人知的伟大创见的现实价值和世界意义，为读者展示了一个真实、鲜活、时尚的马克思。

本书从马克思的视野审视今天的中国与世界，深入浅出地回答了人们深感困惑的现实重大问题，展现了马克思主义穿越时空的思想力度。书中提出不少创新的思想观点，极具冲击力和感染力。

本书在写作文体上独树一帜，旁征博引、磅礴大气，融文、史、哲、政、经、法于一炉，打通学术文体与党政文体，文风鲜活生动，马克思主义在作者的笔下显得可亲可近。

"今天的中国再次迎来了阅读马克思的历史时刻"，作者在该书的最后动情地写道。

《中国民主决策模式》　王绍光　胡鞍钢　鄢一龙　著
中国人民大学出版社 2012 年 10 月出版

本书以中国五年规划编制为例，剖析了中国中央政府如何制定重大公共政策，概括提炼出中国独特的民主决策模式，即"集思广益型"决策模式。这一模式是指一套旨在集中各方面参与者智慧、优化决策质量的程序和机制，包括屈群策、集众思、广纳言、合议决、告四方五个环节。

书中提出，中国政策制定经历了内部集体决策、"一言堂"决策、内部集体决策重建、咨询决策、走向公共决策五个阶段，改革以来，中国决策机制日益民主化、科学化、制度化。

书中论述了中国政策民主的特点：重视调查研究；广泛征求意见；参与者和决策者的双向参与；"自下而上"驱动和"自上而下"驱动相结合；注意吸收外国专家和机构的意见；重视不同决策主体事前的充分协商。

图书在版编目（CIP）数据

中国：创新绿色发展/胡鞍钢著.—北京：中国人民大学出版社，2012.3
ISBN 978-7-300-15400-8

Ⅰ.①中… Ⅱ.①胡… Ⅲ.①生态环境-可持续发展-研究-中国 Ⅳ.①X22

中国版本图书馆 CIP 数据核字（2012）第 040036 号

中国：创新绿色发展
胡鞍钢　著
Zhongguo：Chuangxin Lüse Fazhan

出版发行	中国人民大学出版社		
社　址	北京中关村大街 31 号	邮政编码	100080
电　话	010-62511242（总编室）	010-62511398（质管部）	
	010-82501766（邮购部）	010-62514148（门市部）	
	010-62515195（发行公司）	010-62515275（盗版举报）	
网　址	http://www.crup.com.cn		
	http://www.ttrnet.com（人大教研网）		
经　销	新华书店		
印　刷	北京宏伟双华印刷有限公司		
规　格	160 mm×235 mm　16 开本	版　次	2012 年 4 月第 1 版
印　张	17 插页 2	印　次	2012 年 9 月第 2 次印刷
字　数	192 000	定　价	45.00 元

版权所有　侵权必究　印装差错　负责调换